www.kommunikationspsychologen.de

Katharina Roitzsch | Gabriele Walter | Matthias Schmidt (Hg.)

Psychologische Bewertung von Arbeitsbedingungen Screening für Arbeitsplatzinhaber III – BASA III

Praxishandbuch

2. überarbeitete Auflage

Dresden und Görlitz, 2020

Bibliografische Information der Deutschen Nationalbibliothek:
Die Deutsche Nationalbibliothek verzeichnet diese Publikation in der Deutschen Nationalbibliografie; detaillierte bibliografische Daten sind im Internet über http://dnb.dnb.de abrufbar.

Kontakt BASA-Netzwerk
Hochschule Zittau/Görlitz
Brückenstraße 1
02826 Görlitz
Dipl.-Psych. Katharina Roitzsch
0351 477 26 142
katharina.roitzsch@hszg.de

BASA-Logo 15grad.com

Umschlaggestaltung wirksamwerben.com

Korrektorat Lucy Erber

Herstellung und Verlag: BoD – Books on Demand, Norderstedt

ISBN: 9783751914802

Unser herzlicher Dank für Hinweise zur inhaltlichen Überarbeitung sowie hinsichtlich der Testung von BASA III geht an Frau Dr. Eva Jakl (evalit, Wien), Herrn Alexander Cordes (Oldenburg), Frau Dr. Corinna Wiegratz (Unfallkasse Nordrhein-Westfalen, Duisburg), Frau Heike Merboth (Unfallkasse Sachsen, Meißen), Herrn Günter Klug (Klug & Co., Netzschkau), Herrn David Gnauck (Technische Universität Dresden) sowie das Team Prävention der Unfallkasse Rheinland-Pfalz (Andernach).

Inhalt

Einführung

BASA ist ein Screeningverfahren, das der Ermittlung psychischer Belastung und Ressourcen im Arbeitskontext dient. Mit dem Verfahren BASA werden ArbeitsplatzinhaberInnen zu den Arbeitsbedingungen an ihren eigenen Arbeitsplätzen befragt.

Das Ziel von BASA besteht darin, förderliche und beeinträchtigende Bedingungen der Arbeit zu ermitteln. Auf dieser Grundlage können Maßnahmen des Arbeitsschutzes abgeleitet werden.

Ein handlungsregulativer Ansatz bildete die theoretische Grundlage für BASA. Die Veränderungen in der Arbeitswelt sowie die Entwicklungen der Gemeinsamen Deutschen Arbeitsschutzstrategie machten jedoch eine Erweiterung des theoretischen Ansatzes notwendig, um z.B. interaktive Prozesse in Dienstleistungstätigkeiten mit in die Bewertung einbeziehen zu können.

BASA wurde grundlegend umstrukturiert mit dem Ziel, betriebliche NutzerInnen und WissenschaftlerInnen bei der Beantwortung ihrer Fragestellungen noch besser zu unterstützen. Das neue BASA III-Verfahren enthält u.a. auch Merkmale des Arbeitsinhaltes, die einen Bezug zur auszuführenden Arbeitstätigkeit herstellen. Die Auswertung ist übersichtlicher und aussagekräftiger geworden und die Software nutzerfreundlicher als in der Vorgängerversion des Verfahrens BASA II (Richter & Schatte, 2009).

Schlagwörter:

Arbeitsbedingungen, Arbeitsaufgaben, Arbeitsgestaltung, Arbeitstätigkeit, Beobachtung, Betriebliche Gesundheitsförderung, Bewertungs- und Gestaltungskriterien, Gesundheit, Intervention, Maßnahmen des Arbeitsschutzes, Mitarbeiterbefragung, Gefährdungsbeurteilung, Sicherheit, Ressourcen, Workshop

Teil 1

HINTERGRÜNDE, INHALTE UND UMGANG MIT DEM VERFAHREN BASA III

Katharina Roitzsch, Gabriele Richter, Matthias Schmidt

1. BASA III – Aufbau

BASA ist ein Screeningverfahren und liefert keine genauen Messwerte. Auch im Arbeitsschutz vorhandene Grenzwerte, etwa in den Bereichen Lärm, Beleuchtung, etc. bleiben in BASA unberücksichtigt, weil Wirkungen auf psychische Prozesse vorzeitig eintreten und auch auf Mehrfachbelastungen beruhen können. Aus der Bewertung der Arbeitsbedingungen durch die ArbeitsplatzinhaberInnen ist bereits auf dieser Erfassungsebene die Ableitung vorwiegend verhältnispräventiver technischer, organisatorischer und personenbezogener Maßnahmen des Arbeitsschutzes möglich. Ein Vergleich der Arbeitsbedingungen verschiedener Arbeitsplätze kann durchgeführt werden.

1.1 Inhaltsbereiche von BASA III

In der aktuelle Verfahrensversion BASA III sind bis zu 7 Gruppen, 29 Untergruppen und 108 Merkmale enthalten. Durch die Möglichkeit der betriebs- und tätigkeitsspezifischen Konfiguration des Verfahrens können diese Angaben im konkreten Einzelfall abweichen.

Eine vollständige Liste aller Einzelfragen findet sich in Kapitel 3 „Auswertung" sowie in Anhang 2.

Teil A: Arbeitsaufgabe – Arbeitsinhalt
A1 Vollständigkeit
A2 Einflussmöglichkeiten/ Handlungsspielraum
A3 Abwechslung/Variabilität
A4 Arbeitsumfang
A5 Verantwortung
A6 Informationen /Informationsangebot
A7 Arbeit mit Kunden, Klienten, Patienten*

Teil B: Organisatorische Arbeitsbedingungen
B1 Arbeitsorganisation
B2 Arbeitszeit
B3 Spezielle Arbeitszeiten*
B4 Fehler
B5 Qualifikation
B6 Weiterentwicklung
B7 Flexible Arbeitsorte*
B8 Bereichsübergreifende Zusammenarbeit*

Teil C: Soziale Arbeitsbedingungen
C1 Vorgesetzte
C2 Kollegen

Teil D: Arbeitsumweltbezogene Arbeitsbedingungen
D1 Arbeitsumgebung
D2 Einwirkungen
D3 Körperhaltung
D4 Arbeitsplatzmaße
D5 Arbeits-/Hilfsmittel
D6 Sicherheit und Gesundheit

Teil E: Technische Arbeitsbedingungen
E1 Maschinen*
E2 Bildschirm*
E3 Software*

Teil F: Sicherheitstechnische Arbeitsbedingungen
F1 Sicherheitsvorrichtungen*
F2 Stellteile*
F3 Signalgeber*
F4 Persönliche Schutzausrüstung (PSA)*

Teil G: Betriebsspezifische Arbeitsbedingungen*

*ausblendbar

> **Gut zu wissen** Mit (*) gekennzeichnete Bereiche können optional ein- bzw. ausgeblendet werden, um eine arbeitsplatz- oder tätigkeitsbezogene Anpassung der Befragungsinhalte vorzunehmen. Auf diese Weise können unterschiedlichste Tätigkeitsfelder exakt abgebildet werden.

In Teil G besteht die Möglichkeit eigene, betriebsspezifische Fragen zu formulieren etwa um die Erfassung der Arbeitsmerkmale in einem Bereich zu vertiefen oder die Befragung für die Erfassung weiterer Aspekte zu nutzen. Auf die Formulierung der Fragen sollte dabei besondere Sorgfalt verwandt werden um eine gute Passung mit dem Antwortformat zu gewährleisten und Missverständnisse zu vermeiden

> **Vorsicht!** Eine darüberhinausgehende inhaltliche Änderung am BASA III-Verfahren ist zu unterlassen, da sie zu fehlerhaften Auswertungen durch die mitgelieferte Software führt.

Bei der Formulierung von Fragen in einem Fragebogen sind einige grundlegende Aspekte zu beachten:

Ein Aspekt pro Frage: Damit die Antworten inhaltlich interpretierbar sind, sollten Sie pro Frage nur einen Aspekt erfassen. Sonst wissen Sie nicht, ob sich eine Antwort nur auf einen oder auf alle in der Frage benannten Aspekte bezieht.

Verständlichkeit: Verwenden Sie nach Möglichkeit keine Fachbegriffe. Vermeiden Sie doppelte Verneinungen und verschachtelte Formulierungen. Fragen Sie nach Möglichkeit konkret beobachtbare bzw. durch die Beschäftigten wahrnehmbare Rahmenbedingungen ab.

Passung zum Antwortformat: Selbstverständlich sollten Ihre Fragen sowohl grammatikalisch sowie inhaltlich zu den vorgegebenen Antwortkategorien passen.

Es wird empfohlen, selbst entwickelte Fragen vor einem größeren Einsatz sorgfältig zu prüfen und testweise einzelnen Personen der Zielgruppe mit der bitte um Rückmeldung vorzulegen.

1.2   Gestaltungserfordernisse und Ressourcen

Alle in BASA enthaltenen Merkmale werden im Erhebungsbogen in zwei Spalten eingeschätzt:

Spalte A: Trifft das Merkmal in der beschriebenen Ausprägung auf die betrachtete Arbeitstätigkeit zu oder nicht?

Spalte B: Wie findet das der/die ArbeitsplatzinhaberIn?

Die Merkmale sind so gestaltet, dass ein zutreffendes oder nichtzutreffendes Merkmal (Antwortspalte A) aus arbeitswissenschaftlicher Sicht manchmal positiv, in anderen Fällen negativ bewertet wird. Diese arbeitswissenschaftliche Bewertung ist im Programm hinterlegt und bildet die Grundlage für die Datenanalyse.

Dieser Bogen erfasst Merkmale Ihrer Arbeit. Bitte beantworten Sie jede Frage für **Ihre eigene** Tätigkeit.

		A. Das trifft		B. Das finde ich		
		eher zu.	eher nicht zu.	schlecht.	weder schlecht noch gut.	gut.
Teil A: Arbeitsaufgabe - Arbeitsinhalt						
A1: Abwechslung/Variabilität: Bei der Arbeit						
A1.1	- müssen die Arbeitsplatzinhaber viele Dinge gleichzeitig erledigen.	o	o	o	o	o
A1.2	- wiederholen sich gleichartige Handlungen in kurzen Abständen	o	o	o	o	o
A2: Einflussmöglichkeiten/Handlungsspielraum: Bei der Arbeit						
A2.1	- ist genau vorgeschrieben, wie die Arbeitsplatzinhaber die Arbeit machen müssen.	o	o	o	o	o
A2.2	- können die Arbeitsplatzinhaber bei wichtigen Dingen mitreden und mitentscheiden.	o	o	o	o	o

Abbildung 1: BASA-Erhebungsbogen (Ausschnitt)

Zusätzlich entscheiden die Befragten ob sie die in ihrem Fall vorliegende Merkmalsausprägung negativ, neutral oder positiv erlebt (Spalte B). Über jedes Merkmal muss also erneut nachgedacht werden. Damit wird Routinen beim Ausfüllen des Fragebogens entgegengewirkt.

Auf der Grundlage dieser Einschätzungen werden Gestaltungserfordernisse und Ressourcen in der Arbeit ermittelt.

Gestaltungserfordernisse: potenziell gesundheitsgefährdende Ausprägungen einzelner Arbeitsmerkmale

Ressourcen: bereits gesundheits- bzw. persönlichkeitsförderlich gestalte Aspekte

Einige Merkmale können auch in ihrer bestmöglichen Ausprägung nicht als Ressource wirksam werden. Das gilt beispielsweise für Vibrationen, Lärm oder auch Unterweisungen zum Arbeitsschutz. Sind diese Merkmale ungünstig gestaltet, stellen sie ein Risiko dar, werden also als Gestaltungserfordernis deklariert. Sind sie günstig gestaltet, stellen sie wichtige Grundlagen für die Ausführbarkeit und Schädigungslosigkeit der Arbeit dar, jedoch noch keine echten Ressourcen. Diese Merkmale erhalten dann die Deklarierung „Neutral".

Für Fragen, die Sie dem Verfahren hinzufügen, sind im Programm keine Auswertungsalgorithmen hinterlegt, die eine Interpretation in Richtung Gestaltungserfordernis oder Ressource ermöglichen würden. Diese Fragen sind darüber hinaus nicht nach wissenschaftlichen Standards geprüft. Damit haben sie ergänzenden und informatorischen Charakter.

BASA III verfügt über eine Excel-gestützte Auswertungssoftware. In dieser können Organisationsstrukturen abgebildet werden und es erfolgt die Auswertung der erhobenen Daten. Der Umgang mit der Software wird in Teil 2 dieses Buches beschrieben.

2.   Hintergrundwissen zu BASA III

BASA III wurde systematisch entwickelt um Arbeitsbedingungen psychologisch zu bewerten Grundlage bilden die Wahrnehmung und Beschreibung vor-
liegender Arbeitsbedingungen durch ArbeitsplatzinhaberInnen. Daraus sollen
Rückschlüsse auf mögliche positive (Ressourcen) oder negative (Gestaltungserfordernisse) Einflüsse auf die arbeitende Person gezogen werden.

Die Unterscheidung psychischer Belastung und Beanspruchung, die menschliche Handlungsregulation, Regulationsbehinderungen, Ressourcen der Arbeit
sowie die Grundsätze einer menschengerechten Arbeitsgestaltung sind we-
sentliche konzeptionelle Säulen von BASA, die in den folgenden Abschnitten
kurz erklärt werden.

2.1   Psychische Belastung und Beanspruchung

Bei der Bewertung von Arbeitsbedingungen spielt das Belastungs-Beanspruchungs-Konzept eine zentrale Rolle. Entgegen dem alltäglichen Sprachge-
brauch sind beide Begriffe zunächst wertneutral zu verstehen.

Belastung beschreibt alles, was von außen auf eine arbeitende Person ein-
wirkt. Hinsichtlich der psychischen Belastung sind vor allem die Bereiche Arbeitsaufgabe, die Art, wie die Arbeit organisiert ist, soziale Beziehungen zu Kollegen und Vorgesetzten aber auch Umweltbedingungen relevant. Man könnte
„Belastung" also auch mit „Anforderungen und Rahmenbedingungen" übersetzen.

Die Beanspruchung entsteht innerhalb der arbeitenden Person als Folge des
Zusammenspiels von Belastung (gemeint sind „Anforderungen und Rahmenbedingungen") und individuellen Merkmalen, die kurzfristig (z.B. Hungerge-
fühl) aber auch mittel- und langfristig wirken können (z.B. Berufserfahrung,
Offenheit für Neues). Beanspruchung könnte man also übersetzen mit „Aus-
wirkung".

Beides, Belastung als auch Beanspruchung, können sowohl positive als auch negative Ausprägungen annehmen.

So ist es möglich, dass die Arbeitsaufgabe eintönig ist, die Arbeitsorganisation zu Zeit- und Leistungsdruck führt, die sozialen Beziehungen durch Schuldzuweisungen geprägt ist oder am Arbeitsplatz unangenehme Gerüche herrschen. Hier spricht man von Fehlbelastung.

Es ist aber auch möglich, dass Arbeitsaufgaben vielfältig sind, in der Arbeitsorganisation auf gesunde Pausen geachtet wird, die sozialen Beziehungen geprägt sind von Wertschätzung und die Arbeitsumgebung großräumig, hell und angenehm temperiert ist. Hier würde man die Belastungssituation als positiv einschätzen.

Das Gleiche gilt für Beanspruchung. Im negativen Fall erleben Beschäftigte beispielsweise Stress, Monotonie, sie ermüden oder erleben psychische Sättigung (kurz gesagt: Sie haben ihre Arbeit satt). Hier spricht man von Fehlbeanspruchung.

Im positiven Fall werden sie aktiviert, lernen, erleben Erfolge und soziale Eingebundenheit.

Gestaltungsziel sollte es also nie sein, psychische Belastung zu minimieren. Dies würde zu Langeweile und ausbleibender Entwicklung in der Arbeit führen. Vielmehr sollte die Belastungssituation so optimiert werden, dass Fehlbeanspruchung vermieden wird und im Zusammenspiel zwischen Belastung und individuellen Voraussetzungen eine möglichst positive Beanspruchung der Beschäftigten erfolgt.

2.2   Handlungsregulation

Die Handlungsregulationstheorie (Hacker, 2009; Hacker & Sachse, 2014) beschreibt den Zusammenhang zwischen geistiger Regulation und nach außen gerichteten Handlungen unter Berücksichtigung von Zielen, äußeren Rahmenbedingungen und Rückmeldungen. Sie soll hier nur in Grundzügen wiedergegeben werden.

Tätigkeit – Handlung – Operation

Tätigkeiten werden im Rahmen der Handlungsregulationstheorie als übergeordnete Verhaltenseinheiten betrachtet, die auf ein übergeordnetes Ziel hin ausgerichtet sind und zu denen jeweils Handlungsketten gehören. **Beispiel**: Die Tätigkeit einer Friseurin.

Handlungen untersetzen die Tätigkeiten. Sie sind zeitlich in sich geschlossen, auf ein Ziel ausgerichtet, in denen die jeweilige Handlungsabsicht mit der Antizipation des entsprechenden Ziels verknüpft wird, und finden willentlich statt. Handlungen erfordern neben Zielen auch unterschiedliche kognitive Prozesse (z.B. Wahrnehmen, Urteilen, Reproduzieren von Wissensinhalten).

Beispiel: Haare waschen inkl. prüfen der Wassertemperatur und Auswahl eines geeigneten Shampoos.

Operationen sind Teilhandlungen, die wiederum die Handlungen untersetzen und beispielsweise über einzelne Bewegungen beschrieben werden können. Diese können automatisiert ablaufen.

Beispiel: Einmassieren des Shampoos, bei der nicht jede Teilbewegung der Hände bewusst gesteuert wird.

Phasen von Arbeitstätigkeiten

Die Handlungsregulationstheorie beschreibt unter dem Begriff der „sequentiell-hierarchischen Tätigkeitsregulation" mehrere Phasen von Arbeitstätigkeiten, die in unterschiedlichen Regulationsebenen ablaufen. Diese Phasen sind:

Richten: Ein Auftrag/eine Arbeitsaufgabe wird übernommen oder sich selbst gestellt. Das vorhergesehene Ergebnis der Arbeitsaufgabe dient gleichzeitig als Ziel, auf das hin die weitere Handlung ausgerichtet wird. Dabei kommt es zu einer sogenannten „Redefinition" der Aufgabe indem der/die Beschäftigte den jeweiligen Auftrag vor seinem Wissens- und Erfahrungshintergrund versteht und für sich interpretiert.

Orientieren: Die für die Handlung relevanten äußeren Rahmenbedingungen sowie Wissensbestandteile (z.B. Fachwissen, Wissen über Ausführungsstrategien, Wissen über organisationsbezogene Prozesse) werden einbezogen um Hypothesen zur Möglichkeit der Zielerreichung aufzustellen.

Entwerfen von Aktionsprogrammen: Auf Grundlage des Ziels sowie der verfügbaren Informationen und Wissensbestandteile werden Strategien, Pläne oder auch Bewegungsentwürfe entwickelt, wie das gesetzte Ziel konkret erreicht werden kann. Diese Phase ist vor allem dann wichtig, wenn zur Zielerreichung mehrere Zwischenschritte erforderlich sind. Psychische Eigenschaften, etwa die individuelle Planungsneigung, beeinflussen, wie weit vorausschauend und mit welchem Detaillierungsgrad diese Aktionsprogramme entwickelt werden bzw. ob alternative Pläne für den Fall eines Scheiterns von vornherein mitentwickelt werden.

Entscheiden: Häufig führen mehrere Aktionsprogramme zu einem Ziel. Es ist also eine Entscheidung darüber erforderlich, welches Aktionsprogramm umgesetzt werden soll.

Entschließen: Mit der Entscheidung geht in der Regel der Entschluss zur Umsetzung einher. Dieser stellt den Übergang von der psychischen Regulation zur gezeigten Handlung dar.

Kontrollieren: In dieser Phase wird das erreichte Handlungsergebnis mit dem gesetzten Ziel (ähnlich einem Regelkreislauf) abgeglichen. Möglicherweise muss eine Anpassung des Aktionsprogramms erfolgen, wenn sich äußere Rahmenbedingungen verändern.

Die einzelnen Phasen laufen nacheinander ab (=sequenziell). Es wird empfohlen, Arbeitstätigkeiten so zu gestalten, dass alle Phasen der Handlungsregulation durchlaufen werden können. Außerdem wird deutlich, dass für die jeweilige Aufgabe passende Wissensbestandteile sowie zeitgerecht zur Verfügung stehende Informationen über Ziele und Ausführungsbedingungen für eine erfolgreiche Handlungsregulation unerlässlich sind.

Ebenen der Regulation

Es werden drei Ebenen der psychischen Regulation unterschieden:

Automatisierte, sensumotorische Ebene: Auf dieser Ebene finden einzelne Teilhandlungen (Operationen) statt. Sie ist dem Bewusstsein häufig nicht (mehr) zugänglich.

Wissensbasierte, sensumotorische Ebene: Hier kommen sogenannte Handlungsschemata zum Einsatz. Diese sind bewusstseinsfähig und laufen entlang von

Wenn-Dann-Verknüpfungen (Algorithmen) ab, etwa im Rahmen von Routineaufgaben.

Intellektuelle Ebene: Sind bestehende wissensbasierte Handlungsschemata für die Zielerreichung nicht ausreichend, muss ein neues Aktionsprogramm (Handlungspläne, Strategien) entwickelt werden. Dies erfordert komplexe kognitive Prozesse, die u.a. beim Lösen von Problemen oder bei der Entwicklung neuer Produkte und Dienstleistungen zum Einsatz kommen.

Die höheren Ebenen enthalten jeweils die darunterliegenden Ebenen (=hierarchisch), können auf sie zugreifen und werden damit entlastet: automatisierte und routinemäßige Verarbeitung erfordert deutlich weniger kognitive Ressourcen als eine Verarbeitung auf der intellektuellen Ebene. Es wird empfohlen, Arbeitstätigkeiten so zu gestalten, dass ein Wechsel zwischen den verschiedenen Regulationsebenen möglich ist, um eine Unter- bzw. Überforderung zu vermeiden.

2.3 Regulationsbehinderungen

„Unter Regulationsbehinderungen werden bestimmte äussere Arbeitsbedingungen verstanden, welche die Erreichung des Arbeitsergebnisses behindern, ohne dass der Arbeitende dieser Behinderung effizient begegnen könnte. Eine besonders effiziente Reaktion bestünde darin, einmal aufgetretenen Behinderungen durch eine grundsätzliche technische oder organisatorische Lösung zu beseitigen. Eine weniger effiziente – weil nur jeweils aktuell wirksame – Reaktion auf Behinderungen wäre, die betriebliche erlaubte Verminderung der Qualität oder Quantität des Arbeitsergebnisses. Darf der Arbeitende nicht in der beschriebenen, mehr oder weniger effizienten Weise reagieren, verbleibt ihm nur die Möglichkeit, zusätzlichen Handlungsaufwand zu leisten, um das Arbeitsergebnis trotz Regulationsbehinderungen zu erreichen." (Greiner et al. 1987, S. 151)

Regulationsbehinderungen werden unterschieden in Regulationshindernisse sowie Regulationsüberforderungen.

Zu den Regulationshindernissen gehören Erschwerungen, die sich auf Informationen (beispielsweise, wenn der Inhalt einer E-Mail unklar oder ein Display schwer ablesbar ist), sowie motorische Erschwerungen (beispielsweise, wenn für das Erreichen von Schaltern oder anderen Bedienelementen erst in einen Schrank gekrochen werden muss, diese nur schwer zu betätigen sind oder unzuverlässig reagieren).

Auch Unterbrechungen gehören zu den Regulationshindernissen, egal ob sie durch Personen (etwa einen Kollegen mit einem dringenden Problem), Funktionsstörungen an Maschinen, Geräten oder Software oder durch sog. Blockierungen (etwa aufgrund fehlender Materialien) verursacht werden.

Existieren für die Erfüllung von Aufgaben nun Zeitvorgaben, die die bestehenden Regulationshindernisse nicht oder nicht ausreichend berücksichtigen, so entsteht psychische Fehlbelastung: Beschäftigte müssen schneller arbeiten oder ihre tägliche Arbeitszeit ausdehnen um das geforderte Arbeitsergebnis trotzdem termingerecht leisten zu können.

Regulationsüberforderungen entstehen, wenn monotone Arbeitsbedingungen (also die Anforderung, bei gleichförmiger Arbeit aufmerksam zu bleiben) vorliegen oder man sich von der Arbeit nicht für einen kurzen Zeitraum (z.B. für einen Toilettengang) abwenden kann, ohne die geforderten Quantitäts- oder Qualitätsziele zu unterschreiten oder Sicherheitsrichtlinien zu verletzen. Hinzukommen können Umgebungsfaktoren wie Lärm, Hitze oder unangenehme Gerüche, die von den Beschäftigten im Rahmen ihrer Arbeit ertragen werden müssen.

2.4   Ressourcen der Arbeit

Als Ressourcen werden die Arbeitsbedingungen bezeichnet, die einen Beitrag zur Gesundheit von Beschäftigten auch angesichts von bestehenden Belastungen leisten. Diese können organisational (z.B. vielfältige Aufgaben, Lern- und Entwicklungsmöglichkeiten, Möglichkeiten der Mitgestaltung) oder sozial (z.B. soziale Unterstützung durch Vorgesetzte und Kollegen) sein. Auch personenbezogene Merkmale (z.B. Optimismus) können Ressourcen im Arbeitskontext darstellen, werden jedoch im Rahmen von BASA nicht erfasst.

Die Betrachtung von Ressourcen geht auf das Konzept der Salutogenese nach Antonovsky (1987) zurück.

2.5 Grundsätze menschengerechter Arbeitsgestaltung: Humankriterien der Arbeit

Für die Gestaltung von Arbeitstätigkeiten und -systemen gelten eine Vielzahl von arbeitswissenschaftlichen Forderungen, Regularien und Normen.

Eine grobe Orientierung liefern u.a. Hacker & Sachse (2014) mit einer vierstufigen Einordnung. **Arbeit soll...**

... ausführbar sein.

Zu bewegende Lasten müssen mit der dem Menschen zur Verfügung stehenden Muskelkraft sowie den verfügbaren Hilfsmitteln bewegt werden können. Zu verarbeitende Informationen müssen in Menge und Qualität so vorliegen, dass das menschliche Gehirn zur Verarbeitung in der Lage ist.

... schädigungslos sein.

Körper und Psyche sollen vor gesundheitlichen Schädigungen geschützt werden. Das gilt für Lärm genauso wie für tätliche Übergriffe oder Zeit-Leistungsdruck, der langfristig u.a. zu Herz-Kreislauf-Erkrankungen führen kann (u.a. Paridon, 2016).

... beeinträchtigungsfrei möglich sein.

Beeinträchtigungen im Befinden, beispielsweise eine übermäßige Erschöpfung der körperlichen oder geistigen Leistungsressourcen über den Arbeitstag hinweg, führen mittelfristig zu gesundheitlichen aber auch leistungsbezogenen Einschränkungen. Diese sollen ausgeschlossen werden.

... lern- und gesundheitsförderlich sein.

Der Erhalt körperlicher und psychischer Leistungsressourcen sowie die Adaptation an neue, sich verändernde Arbeitsinhalte stehen hier im Vordergrund

und wirken nicht nur im Sinne der Beschäftigten, sondern der Organisation als Ganzes. Es wird deutlich, dass hier insbesondere die arbeitsimmanenten Ressourcen zum Tragen kommen.

Konkrete Anforderungen zur menschengerechten Arbeitsgestaltung finden sich u.a. in DIN EN 2924, DIN EN 614 sowie DIN EN 6385:

- Berücksichtigung der Qualifikation und Kompetenzen bei der Zuweisung von Aufgaben (Vermeidung von Über- und Unterforderung)
- Möglichkeiten zur vielfältigen Nutzung von Fähigkeiten und Fertigkeiten
- Klarheit, was bis wann zu tun ist (eindeutige Aufgaben)
- Aufgaben, die planende, ausführende, kontrollierende und koordinierende Anteile umfassen (ganzheitliche Aufgaben)
- Aufgaben, die einen erkennbaren Beitrag zum Arbeitssystem oder zu einem Ziel leisten (sinnhafte Aufgaben)
- Entscheidungsmöglichkeiten hinsichtlich Arbeitstempo, Art und Weise der Arbeitsausführung, Arbeitsmitten (Handlungsspielraum)
- Rückmeldung über Quantität und/oder Qualität der Arbeitsergebnisse
- Möglichkeit zum sozialen Kontakt innerhalb der Arbeit
- Möglichkeit zur Weiterentwicklung bestehender Kenntnisse und Fertigkeiten

Zu beachten ist, dass das Ziel der Schädigungslosigkeit, das im Rahmen von Gefährdungsbeurteilungen nach Arbeitsschutzgesetz häufig im Fokus steht, für die Sicherung gesunder und leistungsfähiger Teams zu kurz greift. Hier ist der Ausbau von Ressourcen erforderlich.

3   Zugang zum Verfahren

BASA III kann ohne Lizenzkosten eingesetzt werden. Voraussetzung dafür ist die Teilnahme an einer Schulung, in der die arbeitspsychologischen Grundlagen, erforderliche organisatorische Schritte, die Inhalte sowie die technische Umsetzung erlernt und an Fallbeispielen erprobt werden. Für die ersten eigenen Projekte steht ein Dozent als Ansprechpartner zur Verfügung.

Es erfolgt eine schrittweise Validierung des Verfahrens gemäß DIN 10075-3. Zum Zweck der Qualitätssicherung und Weiterentwicklung des Verfahrens bitten die Autoren darum, erhobene Datensätze in anonymisierter Form zur Verfügung zu stellen.

Unter **www.basanetzwerk.de** finden sich jeweils aktuell alle weiteren Informationen.

4 Vorgehen in der Organisation

Für den Einsatz von BASA im organisationalen Kontext hat sich ein Vorgehen bewährt, das beispielsweise auch für die Durchführung der Gefährdungsbeurteilung psychischer Belastung schon verschiedentlich beschrieben wurde (z.B. Beck, Morschhäuser & Richter, 2014). Die einzelnen Schritte werden im Folgenden kurz vorgestellt und, wo erforderlich, konkret auf BASA bezogen.

4.1 Leitungsgremium & Zielbestimmung

Bevor BASA in der Organisation zum Einsatz kommt, sollte geklärt werden, welche Ziele damit verfolgt werden. Geht es um die Gefährdungsbeurteilung psychischer Belastung? Soll im Rahmen des betrieblichen Gesundheitsmanagements geprüft werden, wo das Unternehmen noch besser werden kann oder geht es darum, diffuse Probleme und Unzufriedenheiten greifbar und damit lösbar zu machen?

Erst wenn das Ziel klar ist kann entschieden werden, ob BASA das richtige Instrument ist, ob es um weitere Bausteine ergänzt werden sollte und in welcher Art und Weise es eingesetzt werden kann.

Gerade in größeren Organisationen ist es in der Regel wichtig, mehrere Personen an der Zielbestimmung zu beteiligen. Hier ist ein Gremium hilfreich, das sich aus Vertretern unterschiedlicher Unternehmensbereich zusammensetzt und Entscheidungen treffen kann. Der Einbezug der Beschäftigtenvertretung ist sehr zu empfehlen.

4.2 Tätigkeitsbereiche festlegen

Die Frage, wie für die Analyse einzelne Tätigkeitsbereiche voneinander abgegrenzt werden sollen, sorgt in vielen Organisationen für Fragen. Im Rahmen der Gefährdungsbeurteilung psychischer Belastung können gleichartige Tätigkeiten in der Analyse zusammengefasst werden. Aber was bedeutet „gleichartig"?

Eine Idee ist oft, eine teambezogene Abgrenzung vorzunehmen. Im Hinblick auf Arbeitsorganisation, Soziale Beziehungen und Arbeitsumgebung funktioniert das häufig gut. Der Arbeitsinhalt kann sich innerhalb von Teams jedoch deutlich unterscheiden, etwa wenn interdisziplinär zusammengearbeitet wird oder von den verschiedenen Mitgliedern eines Teams fachliche, Führungs- und Assistenzaufgaben übernommen werden.

Oft gibt es auch Bestrebungen, Teams mit ähnlichen Aufgaben – mitunter auch standortübergreifend – in der Analyse zusammenzufassen. Hier muss abgewogen werden, ob der damit verbundene Informationsverlust hinnehmbar ist. Entscheidend ist, inwieweit aus den entstehenden Ergebnissen tatsächlich zielgruppenspezifisch Maßnahmen abgeleitet können.

4.3 Vorgehensweise wählen

BASA III kann als schriftliche Befragung der Mitarbeitenden, als Beobachtungsinterview oder als Workshop zur Gruppendiskussion eingesetzt werden. Empfohlen wird der Einsatz als Fragebogen. Voraussetzung ist die Teilnahme an einer Verfahrensschulung.

Während mittels **Befragung** der Beschäftigten Zugang u.a. zu nicht oder nur selten beobachtbaren Arbeitsmerkmalen eröffnet wird, liegen in dieser Methode auch nicht zu vernachlässigende Quellen von Fehleinschätzungen, resultierend beispielsweise aus der Gewöhnung an gewisse Umstände der Arbeit, vorherrschenden Gruppennormen bzw. -meinungen oder auch aus Angst vor Restriktionen. Unkritische Sichtweisen können zu unkritischen Analyseergebnissen führen.

Bei der **Beobachtung** können betriebsfremde Experten die Arbeitsbedingungen falsch beurteilen, da sie die Arbeitsplätze und -tätigkeiten nicht oder zu wenig kennen. Betriebliche Experten neigen möglicherweise dazu, die Arbeitsbedingungen unkritisch zu bewerten, da sie nichts Anderes kennen.

Um die möglichen Nachteile der Vorgehensweisen zu vermeiden, wird eine Kombination von schriftlicher Mitarbeitendenbefragung und Beobachtungsinterviews vorgeschlagen. Mögliche Differenzen in den Bewertungen sollten in anschließenden Gruppendiskussionen erörtert werden.

Für kleine Betriebe und kleine Arbeitsgruppen bietet sich der Einsatz der **Workshopversion** an. Ziel ist es, verstärkt mit Beschäftigten und dem Management ins Gespräch zu kommen, um notwendige Veränderungen zu diskutieren, erforderliche Maßnahmen abzuleiten und umzusetzen.

4.4   Führungskräfte und Beschäftigte einbeziehen

BASA ist ein Screening für ArbeitsplatzinhaberInnen. Es bezieht die Beschäftigten unmittelbar in die Ermittlung der psychischen Belastung am Arbeitsplatz ein. Das muss vor einem Einsatz des Instruments klar sein: Wenn Fragen gestellt werden, sollten die Antworten interessieren.

Führungskräfte

Bevor die Beschäftigten informiert und einbezogen werden, stehen jedoch die Führungskräfte im Fokus. Sie benötigen den Überblick über die Prozesse und Vorhaben in ihren Zuständigkeitsbereichen und sollten unbedingt vor den Beschäftigten informiert und für das Projekt gewonnen werden.

Führungskräfte nehmen in Projekten, die sich mit der psychischen Belastung am Arbeitsplatz beschäftigen, eine wichtige Rolle ein. Häufig stehen sie dem Thema jedoch skeptisch gegenüber. Sie vermuten zusätzliche Arbeitsaufgaben, befürchten eine Bewertung ihrer Arbeit oder Person oder erkennen keinen direkten Nutzen für sich und ihre Aufgaben. Im ungünstigsten Fall lehnen sie das Vorhaben ab. Dann ist es nicht wahrscheinlich, dass sie die Durchführung und die anschließende Ableitung und Umsetzung von Maßnahmen unterstützen werden. Häufige Folgen sind ein geringer Ergebnisrücklauf aus dem entsprechenden Bereich, lange Zeitspannen bis Beschäftigte über Ergebnisse informiert werden sowie eine stockende Maßnahmenumsetzung. Bei den Beschäftigten führt dies zu Frust, wenn sie den Eindruck gewinnen, die Ergebnisse würden im Sande verlaufen.

Sind Führungskräfte von der Nützlichkeit des Vorhabens überzeugt, werden sie hingegen unterstützend agieren, die Beschäftigten in ihrem Bereich informieren und zur Teilnahme auffordern sowie zügig Maßnahmen umsetzen.

Relevant dafür, in welche Richtung die Führungskräfte einer Organisation tendieren, sind verschiedene Faktoren:

Wissen. Insbesondere Führungskräften, die aus einer fachlichen Laufbahn kommen, sind psychologische Konzepte sowie Wirkzusammenhänge, wie das Belastungs-Beanspruchungs-Konzept, häufig wenig vertraut. Hier kann es helfen, in einer ersten Informationsveranstaltung in Auszügen Hintergrundwissen zu vermitteln, u.a. zum Nutzen der erhobenen Informationen u.a. für die Gesundheit und Leistungsfähigkeit der Beschäftigten bzw. flüssige Betriebsabläufe in der Organisation.

Individuelle Erfahrungen. Die meisten Führungskräfte haben an irgendeinem Punkt ihres Berufslebens bereits Erfahrungen mit Befragungen oder Arbeitsplatzanalysen gemacht. Diese prägen die Erwartungen an das bevorstehende Projekt. Es kann sinnvoll sein, konkret bestehende Befürchtungen zu erfragen. Nur wenn sie bekannt sind, haben die Organisatoren die Chance, sie zu entkräften.

Unternehmenskultur. Nicht selten bestehen nicht nur individuelle Erfahrungen, sondern eine Gruppe von Führungskräften aus der gleichen Organisation hat ähnliche Erfahrungen gemacht und möglicherweise bestehen in einer Gruppe von Führungskräften ähnliche Bedenken. Insbesondere wenn bereits auf Ebene der Führungskräfte bedenken dahingehend bestehen, ob eine Maßnahmenableitung und -umsetzung tatsächlich gewünscht und vorgesehen ist, könnte dies ein Hinweis darauf sein, dass die bestehende Unternehmenskultur dem Einsatz eines stark partizipativen Verfahrens wie BASA entgegensteht.

Beschäftigte

Mit dem Begriff „psychische Belastung" verknüpfen Beschäftigte mitunter sehr verschiedene Dinge. Hier ist es wichtig, ganz klar zu machen, worum es bei BASA geht und worum nicht. Insgesamt gelten die drei für die Führungskräfte benannten Einflussgrößen auch für die Beschäftigten und werden einen großen Einfluss auf die Beteiligung haben.

Freiwilligkeit. Für Beschäftigte besteht die Pflicht, auf Gefahren oder Gesundheitsrisiken in ihren Arbeitsbereichen hinzuweisen. Daraus eine Teilnahmepflicht an BASA abzuleiten geht sicherlich zu weit und wäre inhaltlich auch nicht sinnvoll, da sie Widerstand erzeugen würde. Die Ergebnisqualität steht bei einem solchen Vorgehen in Frage. Es ist daher zu empfehlen, die Teilnahme freiwillig zu gestalten und dies den Beschäftigten im Vorfeld auch so zu kommunizieren.

Anonymität. Um zutreffende Antworten zu erhalten, ist es notwendig, dass Beschäftigte ehrlich antworten können. Dazu ist die Wahrung von Anonymität hilfreich. Auch diese sollte den Beschäftigten im Vorfeld zugesichert und dann selbstverständlich eingehalten werden. Insbesondere hinsichtlich personenbezogener Daten sind Beschäftigte zunehmend sensibel. Hier ist es wichtig zu wissen, dass BASA III diese zunächst nicht erhebt. Durch die Kombination von Strukturmerkmalen, die für die Gruppenbildung ins Programm eingegeben werden können (vgl. Teil 2) kann es passieren, dass einzelne Datensätze entstehen, die auf konkrete Personen beziehbar sind (z.B. die einzige Frau unter 30 in Team B). Darauf ist im Vorfeld einer Analyse immer zu achten.

Umgang mit den Ergebnissen. Sowohl Führungskräfte als auch Beschäftigte sollten im Vorfeld erfahren, was in welchem Zeitraum mit den Ergebnissen geschehen wird. Wird es Maßnahmenworkshops geben? Werden die einzelnen Teilbereiche in Eigenregie Maßnahmen umsetzen? Werden konkrete Schritte erst entschieden, wenn die Ergebnisse vorliegen? Die glaubhaften Antworten auf diese Fragen – und ob es Antworten gibt – wird beeinflussen, inwieweit das Vorhaben als sinnvoll angesehen wird und wie viele Beschäftigte sich beteiligen.

4.5 Analyse durchführen

Die Datenerhebung erfolgt in der Variante, für die sich aufgrund der betrieblichen Rahmenbedingungen entschieden wurde. Dabei sind jeweils einige Aspekte zu beachten.

BASA III als Befragung

Am häufigsten wird BASA III als Befragungsinstrument eingesetzt. Hier ist bei der Festlegung der Gruppen für die Analyse darauf zu achten, dass eine Mindestgruppengröße gewählt wird, die die Anonymität der Beschäftigten sicherstellt. Empfehlenswert ist eine Auswertung ab 8 ausgefüllten Fragebögen pro Gruppe. Die Gruppen, in denen die Fragebögen ausgeteilt werden, sollten entsprechend größer sein, da ein Rücklauf von 100% nur in den seltensten Fällen gegeben ist.

Die verschiedenen mit BASA III zur Verfügung stehenden Befragungsvarianten sowie deren technische Umsetzung findet sich in Teil 2 dieses Buches.

Das Ausfüllen des Bogens durch die Beschäftigten dauert ca. 30-45 Minuten. Liegen ausgefüllte Fragebögen vor, müssen diese ins Programm eingegeben oder mittels einer Scansoftware digitalisiert und über die Exportfunktion (vgl. Teil 2) ins Programm eingespielt werden. Der Zeitbedarf für die manuelle Eingabe liegt bei ca. 5 Minuten pro Bogen. Die Tätigkeit ist vergleichsweise monoton und erfordert ein Aufrechterhalten der Aufmerksamkeit. Es sollten daher nicht mehr als 15 Bögen am Stück eingegeben werden, anschließend empfiehlt sich ein Tätigkeitswechsel oder eine kurze Pause. Das Programm ermöglicht es, eingegebene Bögen im Nachgang noch einmal zu kontrollieren. Dies sollte stichprobenartig erfolgen um Eingabefehler weitgehend ausschließen zu können.

BASA III als Begehung

Im Rahmen einer Arbeitsplatzbegehung kann anhand von BASA III ein Beobachtungsinterview durchgeführt werden. Dabei werden alle relevanten Aspekte der Arbeitstätigkeit beobachtet und entschieden, inwieweit sie den in BASA III hinterlegten Kriterien entsprechen. Was nicht beobachtet werden kann (u.a. geistige Arbeitsanteile, jahreszeitliche Schwankungen, etc.) wird erfragt. Hierfür ist ein gesondertes Training unbedingt erforderlich.

Wichtig für die Begehung ist die Wahl eines repräsentativen Zeitraums. Dieser kann abhängig von der ausgeübten Tätigkeit sehr unterschiedlich ausfallen. Es sollte im Betrieb geklärt werden, wie lange bzw. wie oft die Beobachtung stattfinden soll. Besonderheiten wie Schichtwechsel, Zeitfenster mit besonders hoher oder niedriger Auslastung o.ä. sollten dabei Berücksichtigung finden.

Auch für die Begehung finden Sie eine Umsetzung in der Software, die das Hinzufügen von Freitexten zur Beantwortung der einzelnen Items ermöglicht. Dies ist für die stringente Ableitung von gestaltungsmaßnahmen sehr hilfreich.

BASA III in der Workshopversion

Es wird empfohlen, dass nicht mehr als 12 Personen, jedoch mindestens die Hälfte des betroffenen Arbeitsbereichs am Workshop teilnehmen. Die Teilnahme sollte freiwillig sein. Die Planung, Leitung und Dokumentation des Workshops sollte jemand übernehmen, der zumindest über Moderations-Grundkenntnisse verfügt. Aufgrund des hohen Strukturierungsgrades ist in der Analysephase in der Regel kein externer Moderator erforderlich. Es ist mit einem Zeitumfang von ca. 2h pro Workshop zu rechnen.

Zur Verwendung von BASA III im Workshop ist keine Auswertungssoftware not-wendig. Stattdessen werden die einzelnen Hauptfragen in der Gruppe beantwortet, priorisiert und direkt Maßnahmen abgeleitet. Dazu sind in der Regel mehrere Sitzungen erforderlich. Es bietet sich an, diese anhand der Hauptbereiche von BASA zu planen. Werden viele Arbeitsmerkmale durch die Gruppe als gut gestaltet eingeschätzt, kann man zügig zum nächsten Bereich übergehen.

Analog zur Arbeitssituationsanalyse (Nieder, 1995) werden zunächst die Überschriften der Hauptfragen präsentiert und von den TeilnehmerInnen, z.B. mittels einer Bepunktung, festgelegt, in welchen Bereichen Gestaltungsschwerpunkte liegen. Diese werden durch die BASA-Unterfragen (nur Spalte A) weiter untersetzt, wobei den TeilnehmerInnen die Möglichkeit gegeben werden sollte, zusätzlich eigene Punkte zu ergänzen.

Sind die Gestaltungsschwerpunkte bekannt, können, analog zu den anderen Anwendungsmethoden von BASA, Maßnahmen abgeleitet werden.

Der Einsatz von BASA im Workshop bietet Vorteile, insbesondere für kleine Teams, in denen im Rahmen einer Befragung die Grundsätze der Anonymität nicht gewährleistet werden könnte. Insbesondere für geistige Arbeiten, die zu weiten Teilen nicht oder nur schwer beobachtbar sind, entsteht so ein weiterer Zugangs-weg, etwa für die Gefährdungsbeurteilung psychischer Belastung. Die BASA-Themenbereiche bieten einen Rahmen für die strukturierte Bearbeitung der für die Gefährdungsbeurteilung relevanten Themen. Durch die direkte Priorisierung durch die TeilnehmerInnen kann sich schnell auf die relevanten Punkte konzentriert werden. Weiterhin ist die Akzeptanz hinsichtlich des Vorgehens sowie die Motivation an einer Gestaltung mitzuwirken durch den hohen Beteiligungsgrad der Beschäftigten im Workshopverfahren erfahrungsgemäß deutlich höher als in den anderen Vorgehensvarianten.

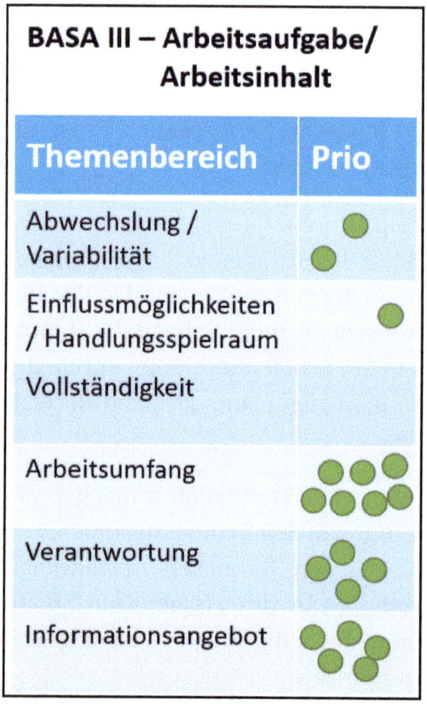

BASA III – Arbeitsaufgabe/ Arbeitsinhalt

Themenbereich	Prio
Abwechslung / Variabilität	●●
Einflussmöglichkeiten / Handlungsspielraum	●
Vollständigkeit	
Arbeitsumfang	●●●●●●
Verantwortung	●●●●
Informationsangebot	●●●●

Abbildung 2: Eingrenzung von Gestaltungsfeldern im BASA-Workshop

Ebenso wie bei jeder anderen Methode, sind auch hier jedoch einige Nachteile zu beachten: So unterliegen die Ergebnisse im Workshop verschiedenen Gruppenprozessen, die zusätzlich zu individuellen Einflussfaktoren zum Tragen kommen. Es ist Aufgabe des Moderators oder der Moderatorin diese zu erkennen und ihnen entgegen zu wirken. Während in der Befragungs- und Beobachtungsversion stets die arbeitswissenschaftliche Beurteilung eines Arbeitsmerkmals stärker gewichtet wird als die Meinung der ArbeitsplatzinhaberInnen, kann dies im Workshopverfahren nicht aufrechterhalten werden, da nur Themenbereiche eine nähere Untersetzung erfahren, die aus Sicht der TeilnehmerInnen gestaltungsbedürftig sind. Dies kann, muss sich aber nicht von einer Beurteilung aus arbeitswissenschaftlichen Gesichtspunkten unterscheiden.

Bei der anschließenden Ableitung von Maßnahmen wird mit dem am höchsten priorisierten gestaltungsbedürftigen Merkmal begonnen und dann in absteigender Reihenfolge vorgegangen. Nicht bepunktete Merkmale werden zum Schluss bearbeitet, sofern die bislang festgelegten Maßnahmen noch nicht ausreichend sind.

Zur Maßnahmenableitung kann beispielsweise die Methode des Aufgabenbezogenen Informationsaustauschs (Neubert & Tomczyk, 1986) eingesetzt werden.

Die Moderatorin, der Moderator für Gestaltungsworkshops sollte Erfahrungen mit der Durchführung von Workshops haben und über Moderationskompetenzen verfügen.

5 Auswertung

5.1 Vom Fragebogen zum Ergebnis

Mit dem Verfahren BASA werden sowohl Gestaltungsgestaltungserfordernisse als auch Ressourcen (vgl. Abbildung 2) an einem Arbeitsplatz ermittelt. Zusätzlich wird eingeschätzt, inwieweit Einigkeit zwischen der arbeitswissenschaftlichen Bewertung eines Merkmals und der Einschätzung der betroffenen Beschäftigten besteht. Grundlage für diese Bewertung bildet die Kombination der Antworten in den Spalten A und B des Erhebungsbogens.

Die folgende Tabelle enthält die Ergebniszuordnungen für alle Antwortkombinationen über alle Merkmale. Dabei gilt:

G   Gestaltungsbedarf aus arbeitswissenschaftlicher Sicht und Sicht der Befragten

GD   Gestaltungsbedarf aus arbeitswissenschaftlicher Sicht, aber neutrale Bewertung durch die Befragten

R   Ressource aus arbeitswissenschaftlicher Sicht und Sicht der Befragten

RD   Ressource aus arbeitswissenschaftlicher Sicht, aber neutrale Bewertung durch die Befragten

N   Neutrale Ausprägung (weder Gestaltungsbedarf noch Ressource)

F   Fragliche Antwort – arbeitswissenschaftliche Beurteilung und Bewertung durch die Beschäftigten stehen sich konträr gegenüber

Diese Ergebniskategorien sind im Programmalgorithmus hinterlegt und werden bei einer Befragung entsprechend ausgezählt und mit Prozentangaben versehen.

Tabelle 1: Zuordnung der Antwortkombinationen zu Ergebniskategorien

		Fragebogen Spalte A **„trifft zu"** Fragebogen Spalte B **„das finde ich"**			**Fragebogen Spalte A** **„trifft nicht zu"** Fragebogen Spalte B **„das finde ich"**		
		schlecht	weder gut noch schlecht	gut	schlecht.	weder gut noch schlecht	gut
Teil A: Arbeitsaufgabe - Arbeitsinhalt							
A1	Abwechslung/Variabilität: Bei der Arbeit						
A1.1	– müssen die Arbeitsplatzinhaber viele Dinge gleichzeitig erledigen.	G	GD	F	F	RD	R
A1.2	– wiederholen sich gleichartige Handlungen in kurzen Abständen.	G	GD	F	F	RD	R
A2	Einflussmöglichkeiten/Handlungsspielraum: Bei der Arbeit						
A2.1	– ist genau vorgeschrieben, wie die Arbeitsplatzinhaber die Arbeit machen müssen.	G	GD	F	F	RD	R
A2.2	– können die Arbeitsplatzinhaber bei wichtigen Dingen mitreden und mitentscheiden.	F	RD	R	G	GD	F
A3	Vollständigkeit: Bei der Arbeit						
A3.1	– können die Arbeitsplatzinhaber die Arbeitsaufgaben von Anfang bis Ende bearbeiten. (nicht nur selbst ausführen, sondern auch selbst vorbereiten, koordinieren und kontrollieren, z.B. das Ergebnis prüfen).	F	RD	R	G	GD	F
A3.2	– sehen die Arbeitsplatzinhaber am Ergebnis, ob ihre Arbeit gut war oder nicht.	F	RD	R	G	GD	F
A4	Arbeitsumfang: Bei der Arbeit						

			Fragebogen Spalte A **„trifft zu"** Fragebogen Spalte B **„das finde ich"**			Fragebogen Spalte A **„trifft nicht zu"** Fragebogen Spalte B **„das finde ich"**		
			schlecht	weder gut noch schlecht	gut	schlecht.	weder gut noch schlecht	gut
A4.1		▪ haben die Arbeitsplatzinhaber zu wenig zu tun.	G	GD	F	F	RD	R
A4.2		▪ haben die Arbeitsplatzinhaber zu viel zu tun.	G	GD	F	F	RD	R
A5	Verantwortung: Bei der Arbeit							
A5.1		– entsprechen die Entscheidungsbefugnisse den festgeschriebenen Arbeitsaufgaben.	F	RD	R	G	GD	F
A5.2		– sind die Zuständigkeiten und die Verantwortlichkeiten klar geregelt.	F	RD	R	G	GD	F
A6	Informationen/Informationsangebot: Bei der Arbeit							
A6.1		– haben die Arbeitsplatzinhaber alle Informationen, die sie für die Erfüllung ihrer Arbeitsaufgabe benötigen.	F	RD	R	G	GD	F
A6.2		– erhalten die Arbeitsplatzinhaber zu viele Informationen (Reizüberflutung).	G	GD	F	F	RD	R
A7	Arbeit mit Kunden, Klienten, Patienten: Bei der Arbeit							
A7.1		▪ erhalten die Arbeitsplatzinhaber für herausfordernde Situationen entsprechende Qualifizierungs- oder Supervisionsangebote. (z.B. nach tätlichen Übergriffen, beim Umgang mit Leid und Sterben)	F	RD	R	G	GD	F
A7.2		▪ wird aggressiven Handlungen oder gewalttätigen Übergriffen von Kunden, Klienten oder Patienten wirksam vorgebeugt.	F	RD	R	G	GD	F

		Fragebogen Spalte A "trifft zu" Fragebogen Spalte B "das finde ich"			Fragebogen Spalte A "trifft nicht zu" Fragebogen Spalte B "das finde ich"		
		schlecht	weder gut noch schlecht	gut	schlecht	weder gut noch schlecht	gut
A7.3	▪ erhalten die Arbeitsplatzinhaber bei Beschwerden Rückendeckung vom Vorgesetzten.	F	RD	R	G	GD	F
A7.4	▪ können sich die Arbeitsplatzinhaber in den meisten Situationen authentisch verhalten.	F	RD	R	G	GD	F

Teil B: Organisatorische Arbeitsbedingungen

		schlecht	weder gut noch schlecht	gut	schlecht	weder gut noch schlecht	gut
B1	Arbeitsorganisation: Bei der Arbeit						
B1.1	– kommt es zu Zeit- und Termindruck.	G	GD	F	F	RD	R
B1.2	– kommt es zu Personalengpässen.	G	GD	F	F	RD	R
B1.3	– erhalten die Arbeitsplatzinhaber Rückmeldungen über ihre Arbeit.	F	RD	R	G	GD	F
B1.4	– kommt es zu Störungen und Unterbrechungen.	G	GD	F	F	RD	R
B2	Arbeitszeit: Bei der Arbeit						
B2.1	– kommt es regelmäßig zu Überstunden.	G	GD	F	F	RD	R
B2.2	– sind Dienstpläne bzw. Arbeitszeiten mindestens 2 Wochen im Vorfeld bekannt.	F	RD	R	G	GD	F
B2.3	– sind die Pausen ausreichend und störungsfrei.	F	RD	R	G	GD	F
B2.4	– haben die Arbeitsplatzinhaber geteilte Dienste (z. B. Früh- und Abenddienst, mittags frei).	G	GD	F	F	RD	R
B2.5	– wird von den Beschäftigten erwartet, auch nach Feierabend erreichbar zu sein (z.B. für Anrufe, E-Mails)	G	GD	F	F	RD	R

| | | Fragebogen Spalte A „trifft zu" | | | Fragebogen Spalte A „trifft nicht zu" | | |
| | | Fragebogen Spalte B „das finde ich" | | | Fragebogen Spalte B „das finde ich" | | |
		schlecht	weder gut noch schlecht	gut	schlecht.	weder gut noch schlecht	gut
B3	Spezielle Arbeitszeiten: Wochenend-, Feiertags- bzw. Nachtarbeit und/oder Rufbereitschaft						
B3.1	– wird nach Möglichkeit vermieden.	F	RD	R	G	GD	F
B3.2	– wird fair im Team aufgeteilt.	F	RD	R	G	GD	F
B3.4	– ist mindestens 2 Wochen im Vorfeld bekannt.	F	RD	R	G	GD	F
B4	Fehler: Bei der Arbeit						
B4.1	– können Fehler erhebliche negative Konsequenzen haben (z.B. Personenschäden, hohe finanzielle Verluste oder Mehrkosten, Arbeitsplatzverlust).	G	GD	F	F	RD	R
B4.2	– wird beim Auftreten von Fehlern sachlich nach der Ursache gesucht.	F	RD	R	G	GD	F
B4.3	– erhalten die Arbeitsplatzinhaber Rückmeldungen über eigene Fehler.	F	RD	R	G	GD	F
B5	Qualifikation: Für die Arbeit						
B5.1	– sind die Arbeitsplatzinhaber für die zu erledigenden Aufgaben passend qualifiziert. (nicht zu hoch oder zu niedrig)	F	RD	R	G	GD	F
B5.2	– werden neue Arbeitsplatzinhaber in die Abläufe des Betriebes und der Arbeitsgruppe eingewiesen bzw. eingearbeitet.	F	RD	R	G	GD	F

		Fragebogen Spalte A „trifft zu" / Fragebogen Spalte B „das finde ich"			Fragebogen Spalte A „trifft nicht zu" / Fragebogen Spalte B „das finde ich"		
		schlecht	weder gut noch schlecht	gut	schlecht.	weder gut noch schlecht	gut
B5.3	– erhalten die Arbeitsplatzinhaber passende Fortbildungen bzw. Schulungen.	F	RD	R	G	GD	F
B6	Weiterentwicklung: Bei der Arbeit						
B6.1	– haben die Arbeitsplatzinhaber die Möglichkeit immer wieder Neues dazu zu lernen	F	RD	R	G	GD	F
B6.2	– haben die Arbeitsplatzinhaber Aufstiegs- und/oder Entwicklungsmöglichkeiten. (z.B. Weiterqualifizierung, Projektarbeit)	F	RD	R	G	GD	F
B7	Flexible Arbeitsorte: Der Einsatzort						
B7.1	– ist den Arbeitsplatzinhabern rechtzeitig vorher bekannt.	F	RD	R	G	GD	F
B8	Bereichsübergreifende Zusammenarbeit: Bei der Arbeit						
B8.1	– läuft der Informationsaustausch zwischen Abteilungen / Bereichen reibungslos.	F	RD	R	G	GD	F
B8.2	– sind Kompetenzen und Verantwortlichkeiten zwischen Abteilungen / Bereichen klar geregelt	F	RD	R	G	GD	F
B8.3	– funktioniert die Zusammenarbeit zwischen Abteilungen / Bereichen insgesamt gut.	F	RD	R	G	GD	F
Teil C: Soziale Arbeitsbedingungen							
C1	Vorgesetzte: Bei der Arbeit						
C1.1	– erhalten die Arbeitsplatzinhaber widersprüchliche Anweisungen vom Vorgesetzten.	G	GD	F	F	RD	R

		Fragebogen Spalte A „trifft zu" / Fragebogen Spalte B „das finde ich"			Fragebogen Spalte A „trifft nicht zu" / Fragebogen Spalte B „das finde ich"		
		schlecht	weder gut noch schlecht	gut	schlecht	weder gut noch schlecht	gut
C1.2	– wechselt der Vorgesetzte häufig.	G	GD	F	F	RD	R
C1.3	– erhalten die Beschäftigten bei der Realisierung ihrer Aufgaben fachliche und soziale Unterstützung vom Vorgesetzten.	F	RD	R	G	GD	F
C1.4	– sind Entscheidungen der Leitung des Hauses bzw. vom Management nachvollziehbar.	F	RD	R	G	GD	F
C1.5	– erhalten die Arbeitsplatzinhaber vom direkten Vorgesetzten Anerkennung und Lob für ihre Arbeit.	F	RD	R	G	GD	F
C1.6	– werden Konflikte zwischen Vorgesetztem und Mitarbeiter fair und konstruktiv gelöst.	F	RD	R	G	GD	F
C1.7	– wird Kritik durch den direkten Vorgesetzten sachlich geäußert.	F	RD	R	G	GD	F
C2	Kollegen: Bei der Arbeit						
C2.1	– erhalten die Arbeitsplatzinhaber bei der Realisierung ihrer Aufgaben fachliche und soziale Unterstützung von ihren Kollegen.	F	RD	R	G	GD	F
C2.2	– geben sich die Arbeitsplatzinhaber gegenseitig Lob und Anerkennung für die geleistete Arbeit.	F	RD	R	G	GD	F
C2.3	– werden Konflikte zwischen Kollegen fair und konstruktiv gelöst.	F	RD	R	G	GD	F
Teil D: Arbeitsumweltbezogene Arbeitsbedingungen							
D1	Arbeitsumgebung: Bei der Arbeit						
D1.1	– ist es durch andere Arbeitsprozesse, Personen, … laut.	G	GD	F	F	N	N
D1.2	– riecht es schlecht.	G	GD	F	F	N	N

		Fragebogen Spalte A "trifft zu" / Fragebogen Spalte B "das finde ich"			Fragebogen Spalte A "trifft nicht zu" / Fragebogen Spalte B "das finde ich"		
		schlecht	weder gut noch schlecht	gut	schlecht.	weder gut noch schlecht	gut
D1.3	– ist es zu heiß oder zu kalt.	G	GD	F	F	N	N
D1.4	– zieht es.	G	GD	F	F	N	N
D1.5	– ist es zu hell oder zu dunkel.	G	GD	F	F	N	N
D2	Einwirkungen: Bei der Arbeit						
D2.1	– staubt es.	G	GD	F	F	N	N
D2.2	– kommen die Arbeitsplatzinhaber in Kontakt mit gefährlichen Gasen und Dämpfen.	G	GD	F	F	N	N
D2.3	– kommen die Arbeitsplatzinhaber in Kontakt mit Gefahrstoffen.	G	GD	F	F	N	N
D2.4	– sind die Arbeitsplatzinhaber gefährlichen Strahlungen ausgesetzt.	G	GD	F	F	N	N
D2.5	– schwingt, vibriert es.	G	GD	F	F	N	N
D2.6	– kommt es zu elektrischen Aufladungen.	G	GD	F	F	N	N
D3	Körperhaltung: Bei der Arbeit						
D3.1	– gibt es körperliche Abwechslung.	F	RD	R	G	GD	F
D3.2	– werden die Arbeitsaufgaben hockend, kniend oder gebückt erfüllt.	G	GD	F	F	N	N
D3.3	– ist der Oberkörper verdreht.	G	GD	F	F	N	N
D3.4	– werden Über-Kopf-Arbeiten ausgeführt.	G	GD	F	F	N	N
D3.5	– werden schwere Gegenstände bewegt.	G	GD	F	F	N	N
D4	Arbeitsplatzmaße: Der Arbeitsplatz						
D4.1	– bietet genügend Bewegungsfreiheit.	F	N	N	G	GD	F
D4.2	– ist übersichtlich.	F	N	N	G	GD	F

| | | Fragebogen Spalte A „trifft zu" | | | Fragebogen Spalte A „trifft nicht zu" | | |
| | | Fragebogen Spalte B „das finde ich" | | | Fragebogen Spalte B „das finde ich" | | |
		schlecht	weder gut noch schlecht	gut	schlecht.	weder gut noch schlecht	gut
D4.3	– hat ausreichende Ablage-, Abstellflächen.	F	N	N	G	GD	F
D5	Arbeits-/Hilfsmittel: Die Arbeits- und Hilfsmittel						
D5.1	– sind ausreichend vorhanden.	F	RD	R	G	GD	F
D5.2	– sind zweckmäßig.	F	RD	R	G	GD	F
D5.3	– funktionieren immer.	F	RD	R	G	GD	F
D6	Sicherheit und Gesundheit: Bei der Arbeit						
D6.1	– wird Verletzungen wirksam vorgebeugt. (z. B. schneiden, stoßen, quetschen, verbrennen, verbrühen, …)	F	N	N	G	GD	F
D6.2	– wird Unfällen wirksam vorgebeugt. (z.B. abstürzen, verschüttet werden, getreten werden, ge- oder erschlagen werden, …)	F	N	N	G	GD	F
D6.3	– erhalten die Arbeitsplatzinhaber regelmäßig Arbeitsschutzunterweisungen.	F	N	N	G	GD	F
D6.4	– wird das Verhalten in Gefahrfällen regelmäßig geübt. (z.B. Brand, Havarie, Amok)	F	RD	R	G	GD	F
D6.5	– werden Maßnahmen zur Gesundheitsförderung, angeboten. (z.B. im Rahmen von BGM und/oder BEM)	F	RD	R	G	GD	F
Teil E: Technische Arbeitsbedingungen							
E1	Maschinen: Die Maschinen/Geräte, mit denen gearbeitet wird,						
E1.1	– sind gut bedienbar.	F	N	N	G	GD	F

		Fragebogen Spalte A „trifft zu" / Fragebogen Spalte B „das finde ich"			Fragebogen Spalte A „trifft nicht zu" / Fragebogen Spalte B „das finde ich"		
		schlecht	weder gut noch schlecht	gut	schlecht	weder gut noch schlecht	gut
E1.2	– verlangen Wartezeiten (z. B. durch ungeplante technische Störungen).	G	GD	F	F	N	N
E2	**Bildschirm: Der Bildschirm des Computers, der Maschine**						
E2.1	– spiegelt bzw. es kommt zu Blendungen.	G	GD	F	F	N	N
E2.2	– hat einen guten Zeichenkontrast, eine scharfe Zeichendarstellung und Zeichengröße.	F	N	N	G	GD	F
E2.3	– ist für die zu erfüllenden Arbeitsaufgabe groß genug bzw. es sind für die zu erfüllende Arbeitsaufgabe ausreichend Bildschirme vorhanden.	F	N	N	G	GD	F
E3	**Software: Die Software des Computers, der Maschine**						
E3.1	– macht den Arbeitsplatzinhaber auf Bedienfehler aufmerksam.	F	RD	R	G	GD	F
E3.2	– stürzt häufig ab, reagiert verzögert oder verlangt Wartezeiten.	G	GD	F	F	N	N
E3.3	– ist selbsterklärend.	F	N	N	G	GD	F
E3.4	– zwingt die Arbeitsplatzinhabern zu festgelegten Arbeitsschritten.	G	GD	F	F	N	N
E3.5	– bietet Hilfs- und Lernprogramme an.	F	RD	R	G	GD	F
E3.6	– passt zu der zu erfüllenden Arbeitsaufgabe.	F	N	N	G	GD	F
Teil F: Sicherheitstechnische Arbeitsbedingungen							
F1	**Sicherheitsvorrichtungen: Die Sicherheitsvorrichtungen**						
F1.1	– sind vollständig vorhanden.	F	N	N	G	GD	F
F1.2	– sind zweckmäßig.	F	N	N	G	GD	F

		Fragebogen Spalte A "trifft zu" / Fragebogen Spalte B "das finde ich"			Fragebogen Spalte A "trifft nicht zu" / Fragebogen Spalte B "das finde ich"		
		schlecht	weder gut noch schlecht	gut	schlecht.	weder gut noch schlecht	gut
F1.3	– sind in gutem Zustand.	F	N	N	G	GD	F
F2	Stellteile: Die Stellteile, z. B. Hebel oder Kurbeln an Maschinen oder Geräten,						
F2.1	– sind für die Arbeitsplatzinhaber immer erreichbar.	F	N	N	G	GD	F
F2.2	– stimmen mit den Anzeigen, Informationen, Signalen und der zu erfüllenden Arbeitsaufgabe überein.	F	N	N	G	GD	F
F3	Signalgeber: Die Signalgeber an Maschinen/Geräten						
F3.1	– sind immer ablesbar bzw. hörbar.	F	N	N	G	GD	F
F3.2	– stimmen mit den erwarteten Signalen, Informationen und der zu erfüllenden Arbeitsaufgabe überein.	F	N	N	G	GD	F
F4	Persönliche Schutzausrüstung (PSA): Die PSA						
F4.1	– ist immer verfügbar.	F	N	N	G	GD	F
F4.2	– ist immer in Ordnung.	F	N	N	G	GD	F
F4.3	– ist bequem.	F	N	N	G	GD	F

Aufgrund der Vereinheitlichung des Verfahrens gilt obenstehende Tabelle sowohl für die Fragebogen- als auch für die Beobachtungs- und Workshopversion von BASA III. Für nachfolgende Versionen sind auf Grundlage von Rückmeldungen aus der Praxis sprachliche Anpassungen vorgesehen. Den jeweils aktuellen Stand erfahren Sie unter www.basanetzwerk.de.

5.2 Ergebnisse in BASA III

Auf der Grundlage dieser Ergebniszuordnungen wird im BASA-Programm eine Auswertungstabelle erstellt. Diese berücksichtigt bei Befragungen sowie bei der gesammelten Auswertung mehrerer Beobachtungsdatensätze die prozentuale Verteilung der Antworten auf die unterschiedlichen Auswertungsfelder.

Die Ergebnisübersicht in BASA III enthält standardmäßig zwei Tabellenblätter: Eine komprimierte Gesamtübersicht der Ergebnisse (vgl. Abbildung 3) sowie eine Übersicht aller Gestaltungserfordernisse und aller Ressourcen jeweils in absteigender Reihenfolge (vgl. Abbildung 5).

Gesamtübersicht

In der Gesamtübersicht sind alle erfassten Merkmale in der Reihenfolge des Erhebungsbogens gelistet. Dabei enthält die Ergebnisübersicht zunächst die Information darüber, wie die Ausprägung der einzelnen Merkmale aus arbeitswissenschaftlicher Sicht bewertet wird (Fragebogen Spalte A) – unabhängig von der Bewertung der Mitarbeitenden im Fragebogen in Spalte B.

Auf dieser Grundlage werden die einzelnen Merkmale in Gestaltungserfordernisse und Ressourcen eingeordnet und es ist eine erste Orientierung möglich.

Jedes Item kann eindeutig als Gestaltungserfordernis oder Ressource klassifiziert werden. Dies ist durch die entsprechende Farbmarkierung erkennbar. Es gelten die folgenden Grenzwerte:

Gestaltungserfordernis (G+GD*) Mehr als 20% der Befragten beschreiben ein Arbeitsmerkmal so, dass es aus arbeitswissenschaftlicher Sicht als ungünstig gestaltet betrachtet werden muss.

Ein Gestaltungserfordernis wird durch eine rote Markierung in der Spalte „%" unter „Gestaltungserfordernis gesamt" gekennzeichnet. Im Beispiel: u.a. B2.1 und B2.2

Anzahl der erfassten Bögen: 20

Ausschlusskriterium (nF,n99): 50%

| Details zeigen | Details zeigen | | | | Umbrüche setzen |

Teile/Fragen	n	Gestaltungs-erfordernis gesamt	Ressource gesamt	Neutral	Diskussions-bedarf	fragliche Antwort
		%	%	%	%	%
B2: Arbeitszeit: Bei der Arbeit						
B2.1 kommt es regelmäßig zu Überstunden.	20	35,0%	35,0%	0,0%	45,0%	30,0%
B2.2 sind Dienstpläne bzw. Arbeitszeiten mindestens 2 Wochen im Vorfeld bekannt.	20	90,0%	*5,0%	0,0%	30,0%	*5,0%
B2.3 sind die Pausen ausreichend und störungsfrei.	20	30,0%	70,0%	0,0%	30,0%	0,0%
B2.4 haben die Arbeitsplatzinhaber geteilte Dienste (z.B. Früh- und Abenddienst, mittags frei).	20	30,0%	30,0%	0,0%	30,0%	40,0%
B2.5 wird von den Beschäftigten erwartet, auch nach Feierabend erreichbar zu sein (z.B. für Anrufe, E-Mails).	20	15,0%	85,0%	0,0%	15,0%	0,0%

Abbildung 3: Gesamtübersicht der BASA III-Ergebnisse (Ausschnitt)

Ressource (R+RD*) Mindestens 80% der Befragten beschreiben ein Arbeitsmerkmal so, dass man aus arbeitswissenschaftlicher Sicht davon ausgehen kann, dass es einen Beitrag zur Gesundheit bzw. Weiterentwicklung der Beschäftigten leistet.

Eine Ressource wird durch eine grüne Markierung in der Spalte „%" unter „Ressourcen gesamt" gekennzeichnet. Im Beispiel: B2.5

Neutral (N*) Merkmale, die den Status eine Ressource nicht erfüllen können, etwa Lärm, Zugluft, etc. werden bei günstiger Ausprägung als neutral klassifiziert. Eine farbige Markierung erhalten diese nicht.

Diskussionsbedarf (GD+RD*) Weiterhin wird der Gesamtdiskussionsbedarf für jedes Merkmal angezeigt, der Hinweise darauf liefert, ob ein hoher Prozentsatz der Befragten das Merkmal indifferent („...weder gut noch schlecht") bewertet. Ist das der Fall, sind die entsprechenden Felder blau gekennzeichnet und neben dem Ergebnisüberblick sollten dann auch die Detailergebnisse beachtet werden (dazu später).

Es existieren zwei Grenzwerte, die mit einer farblichen Markierung einhergehen:

Hellblaue Markierung: Diskussionsbedarf beträgt mindestens 20% jedoch nicht mehr als 30% aller Antworten. Im Beispiel: B2.4

Dunkelblaue Markierung: Diskussionsbedarf beträgt mehr als 30% aller Antworten. Im Beispiel B2.1

Fragliche Antwort (F*) Die Spalte „Fragliche Antwort" gibt Auskunft darüber, inwieweit Merkmalsausprägungen in Spalte B nicht nur indifferent, sondern konträr zur arbeitswissenschaftlichen Einschätzung beantwortet werden.

Auch hier existieren zwei Grenzwerte, die mit einer farblichen Markierung einhergehen:

Hellblaue Markierung: mindestens 10% jedoch nicht mehr als 20% aller Antworten wurden als „fraglich" klassifiziert.

* G, GD, N, R, RD, F vgl. S. 36.

Dunkelblaue Markierung: mehr als 20% aller Antworten wurden als „fraglich"
klassifiziert. Im Beispiel: B 2.1.

Detailansicht

Durch Klick auf die Schaltfläche „Details zeigen" werden die Werte zu Gestaltungserfordernissen und Ressourcen untersetzt (Abbildung 4). Neben der ei-
gentlichen Merkmalsausprägung (trifft eher zu/nicht zu) wird nun zusätzlich
die Spalte B des Fragebogens mit der Bewertung der ArbeitsplatzinhaberInnen
(Das finde ich...) einbezogen.

Durch diese Stufung (Übersicht – Detail) erhält die tatsächliche Gestaltung der
einzelnen Merkmale ein höheres Gewicht gegenüber der Einschätzung durch
die Beschäftigten als dies in Vorgängerversionen von BASA der Fall war. Insbesondere wenn Beschäftigte schon sehr lange im gleichen Arbeitsbereich tä-
tig sind oder wenn Wissen über langfristig wirksam werdende Zusammenhänge bestimmter Arbeitsmerkmale mit Gesundheit fehlt, kann es sein, dass
gesundheitsschädliche Bedingungen von den Beschäftigten nicht als kritisch
eingestuft werden. Dem wird durch die verwendete Zweistufigkeit in der Er-
gebnisbetrachtung begegnet.

Die so entstehende Untersetzung der Ergebnisse liefert für die AnwenderInnen Hinweise auf das weitere Vorgehen:

Stimmt die Bewertung der Beschäftigten („Das finde ich...") mit der arbeitswissenschaftlichen Bewertung der Merkmalsausprägung überein, besteht eine
deutlich zutage tretende Gestaltungserfordernis (G) bzw. Ressource (R). Die
Bezeichnung lautet „...festgestellt und von Mitarbeitern erkannt". Im Beispiel
ist dies für das Merkmal B2.2 (Gestaltungserfordernis) zutreffend.

Sind beide Einschätzungen gegenläufig, wird also beispielsweise ein aus arbeitswissenschaftlicher Sicht positives Merkmal von den Beschäftigten negativ
bewertet, ergibt sich eine fragliche Antwort (F).

Legen sich die Befragten nicht auf eine Bewertung fest („… weder gut noch schlecht"), so wird die Antwort je nach Merkmalsausprägung als Gestaltungserfordernis (GD, im Beispiel: z.B. B2.1) bzw. Ressource mit Diskussionsbedarf (RD) („…festgestellt, aber von Mitarbeitern nicht erkannt") codiert.

Die Summe aus festgestellten aber von den Beschäftigten nicht erkannten Ressourcen und Gestaltungserfordernissen (GD + RD) ergibt den Diskussionsbedarf zu einem Merkmal.

Die Spalte „Gestaltungserfordernis gesamt" beinhaltet sowohl die mit der arbeitswissenschaftlichen Bewertung übereinstimmenden Urteile der Befragten als auch indifferente Urteile und ergibt sich demzufolge pro Merkmal als Summe aus G und GD (vgl. Abbildung 4 sowie Tabelle 1).

Anzahl der erfassten Bögen: 20 Ausschlusskriterium (nF,n99): 50%

Teile/Fragen	n	Gestaltungs-erfordernis gesamt		Gestaltungs-erfordernis festgestellt und von Mitarbeitern erkannt		Gestaltungs-erfordernis festgestellt, aber von Mitarbeitern nicht erkannt		Ressource gesamt		Ressource festgestellt und von Mitarbeitern erkannt		Ressource festgestellt, aber von Mitarbeitern nicht erkannt	
	n	%		%		%		%		%		%	
B2: Arbeitszeit: Bei der Arbeit													
B2.1 kommt es regelmäßig zu Überstunden.	20	35,0%		0,0%		35,0%		35,0%		25,0%		*10,0%	
B2.2 sind Dienstpläne bzw. Arbeitszeiten mindestens 2 Wochen im Vorfeld bekannt.	20	90,0%		60,0%		30,0%		*5,0%		*5,0%		0,0%	
B2.3 sind die Pausen ausreichend und störungsfrei.	20	30,0%		20,0%		*10,0%		70,0%		50,0%		20,0%	
B2.4 haben die Arbeitsplatzinhaber geteilte Dienste (z.B. Früh- und Abenddienst, mittags frei).	20	30,0%		*5,0%		25,0%		30,0%		25,0%		*5,0%	
B2.5 wird von den Beschäftigten erwartet, auch nach Feierabend erreichbar zu sein (z.B. für Anrufe, E-Mails).	20	15,0%		*10,0%		*5,0%		85,0%		75,0%		*10,0%	

Abbildung 4: Detailergebnisse mit BASA III (Ausschnitt)

Analog dazu ergibt sich der Wert für die Ressourcen gesamt aus der Summe aus R und RD.

Gestaltungserfordernis gesamt =
  Gestaltungserfordernis [...] von Mitarbeitern erkannt (G)
+ Gestaltungserfordernis [...] von Mitarbeitern nicht erkannt (GD)

Ressource gesamt =
  Ressource [...] von Mitarbeitern erkannt (R)
+ Ressource [...] von Mitarbeitern nicht erkannt (RD)

Diskussionsbedarf =
  Gestaltungserfordernis [...] von Mitarbeitern nicht erkannt (GD)
+ Ressource [...] von Mitarbeitern nicht erkannt (RD)

In der Auswertungstabelle wird auch die Anzahl der einbeziehbaren Datensätze pro Merkmal angezeigt. Es gehen nur Daten ein, in denen zu einem Merkmal im Fragebogen beide Felder (Spalte A und B) ausgefüllt worden sind. Erhebungsbögen, die zu weniger als 50% bearbeitet wurden, werden von der Auswertung ausgeschlossen. Diese Einstellung ist über den Menüpunkt „Auswertung" im Hauptformular der Software anpassbar (siehe Teil 2 dieses Buches).

Es kann vorkommen, dass (aufgrund der Einstellungen zur Anonymität) zu einem Merkmal keine Auswertung vorgenommen wird, weil der erforderliche Mindest-Rücklauf nicht vorliegt. Auch dies ist anpassbar (vgl. Teil 2 dieses Buches) und spielt insbesondere bei Befragungen eine Rolle. Der Mindestrücklauf zur Erstellung einer Auswertung sollte im Vorfeld der Befragung im Betrieb abgestimmt und allen Beteiligten, vor allem den Befragten selbst, kommuniziert werden.

Hellgrüne Markierungen und Sternchen treten vor allem bei kleinen Gruppen auf. Weitere Informationen dazu finden sich in Teil 2 dieses Buches (Kap. 5.2)

Listenansicht

Das zweite Tabellenblatt der Auswertung enthält eine Liste aller identifizierten Gestaltungserfordernisse und Ressourcen jeweils in absteigender Reihenfolge. Es werden hier wiederum nur die arbeitswissenschaftlichen Empfehlungen (Spalte A im Fragebogen) berücksichtigt. Die Listen können jeweils einzeln markiert und nach Merkmalsbereichen sortiert werden.

Gestaltungserfordernisse in absteigender Reihenfolge			
D3.5	Körperhaltung: Bei der Arbeit	werden schwere Gegenstände bewegt.	92%
D3.2	Körperhaltung: Bei der Arbeit	werden die Arbeitsaufgaben hockend, kniend oder gebückt erfüllt.	84%
D3.4	Körperhaltung: Bei der Arbeit	werden Über-Kopf-Arbeiten ausgeführt.	84%
D6.4	Sicherheit und Gesundheit: Bei der Arbeit	wird das Verhalten in Gefahrfällen regelmäßig geübt. (z.B. Brand, Havarie, Amok)	81%
B1.1	Arbeitsorganisation: Bei der Arbeit	kommt es zu Zeit- und Termindruck.	80%

Ressourcen in absteigender Reihenfolge			
B2.3	Arbeitszeit: Bei der Arbeit	sind die Pausen ausreichend und störungsfrei.	96%
D3.1	Körperhaltung: Bei der Arbeit	gibt es körperliche Abwechslung.	96%
A2.2	Einflussmöglichkeiten/Handlungsspielraum: Bei der Arbeit	können die Arbeitsplatzinhaber bei wichtigen Dingen mitreden und mitentscheiden.	92%
B2.4	Arbeitszeit: Bei der Arbeit	haben die Arbeitsplatzinhaber geteilte Dienste (z.B. Früh- und Abenddienst, mittags frei).	92%
A4.1	Arbeitsumfang: Bei der Arbeit	haben die Arbeitsplatzinhaber zu wenig zu tun.	88%

Abbildung 5 Übersicht der größten Gestaltungserfordernisse und stärksten Ressourcen in BASA III (Ausschnitt)

6 Ergebnisinterpretation

Für die Interpretation und die weitere Arbeit mit den Ergebnissen liefert deren differenzierte Betrachtung wichtige Informationen. Daher werden alle möglichen Fälle kurz vorgestellt:

6.1 „Gestaltungserfordernis festgestellt und von Mitarbeitenden erkannt"

Ein negativ ausgeprägtes Arbeitsmerkmal wird von den Beschäftigten auch als störend empfunden. Häufig ist das beispielsweise bei Störungen und Unterbrechungen bei geistiger Arbeit oder in Dienstleistungsberufen, z.B. in der Pflege, der Fall: Durch die Unterbrechungen bei der Durchführung von Arbeitsaufgaben erhöht sich der Zeitdruck für die Beschäftigten, es schleichen sich Fehler ein und Frustration entsteht. Dies ist direkt spürbar und wird negativ erlebt.

Wird das Merkmal A3.2 **„Bei der Arbeit wiederholen sich gleichartige Handlungen in kurzen Abständen"** in Spalte A mit **„Trifft eher zu"** beantwortet und in Spalte B mit **„Das finde ich schlecht"** beantwortet, wird ein Gestaltungserfordernis durch BASA festgestellt und auch von den Mitarbeitenden er-

Für die weitere Arbeit, insbesondere wenn in der Maßnahmenableitung ein partizipativer Ansatz gewählt wird, sollten diese Themen eine besondere Berücksichtigung finden und zuerst bearbeitet werden. Sie sind den Beschäftigten in der Regel besonders wichtig. Oft beeinträchtigen sie die Handlungsregulation und damit ggf. auch die Sicherheit und Gesundheit der ArbeitsplatzinhaberInnen.

6.2 „Gestaltungserfordernis festgestellt, aber von Mitarbeitenden nicht erkannt"

Ein negativ ausgeprägtes Arbeitsmerkmal wird von den Beschäftigten weder als positiv noch negativ bewertet. Das kann beispielsweise bei Merkmalen der Fall sein, die ihre Wirkung erst langfristig entfalten (z.B. Arbeit in Nachtschicht) oder die im Rahmen der eigenen Tätigkeit nur hin und wieder vorkommen (z.B. Bewegen schwerer Gegenstände bei Büroarbeitskräften, die hin und wieder größere Mengen Ordner aus dem Archiv holen müssen). Denkbar sind auch Merkmale, die untrennbar mit einer bestimmten Tätigkeit oder Branche verbunden sind (z.B. Schichtarbeit in Krankenhäusern, Umgang mit aggressiven Personen bei Sicherheitsdienstleistern) oder von den Beschäftigten als nicht änderbar angesehen werden (z.B. Zugluft bei Arbeit im Freien).

> Wird das Merkmal A3.2 **„Bei der Arbeit wiederholen sich gleichartige Handlungen in kurzen Abständen"** in Spalte A mit **„Trifft eher zu"** beantwortet und in Spalte B mit **„Das finde ich weder gut noch schlecht"**, wird zwar durch BASA das Gestaltungserfordernis festgestellt, aber nicht von den Mitarbeitenden erkannt.

Da eine Gefährdung grundsätzlich auch dann vorliegen kann, wenn Beschäftigte diese nicht erkennen, kategorisiert BASA diese Ergebnisse als Gestaltungserfordernis. Im nächsten Schritt muss, z.B. im Rahmen der Ergebnisrückmeldung oder in Gestaltungsworkshops, entschieden werden, ob im konkreten Fall tatsächlich eine Gefährdung vorliegt. Mitunter kann dann neben bzw. im Vorfeld von Gestaltungsmaßnahmen eine Sensibilisierung der Beschäftigten, z.B. zur Bedeutung bestimmter Arbeitsmerkmale für die Gesundheit, sinnvoll sein.

Schichtarbeit, der Umgang mit aggressiven Personen sowie weitere Arbeitsmerkmale, aus denen sich grundsätzlich eine Gefährdung ergeben kann, lassen sich nicht in allen Fällen vermeiden. In diesen Fällen ist es Aufgabe eines Screening-Verfahrens wie BASA diese potenziellen Gefährdungen in den Fokus zu rücken, um entsprechende Gestaltungsmaßnahmen (z.B. Rotationsrichtung bei der Schichtplangestaltung, sicherheitsrelevante Einrichtungen) zu prüfen.

6.3 „Ressource festgestellt und von Mitarbeitenden erkannt"

Merkmale, deren Bewertung mehrheitlich in diesen Bereich fallen, wirken als echte Ressourcen für den Erhalt der Gesundheit der Beschäftigten. Die entsprechenden Merkmale sind aus arbeitswissenschaftlicher Sicht positiv ausgeprägt und werden von den Befragten auch positiv wahrgenommen. Beispiele sind die Möglichkeit sich an Entwicklungen des Unternehmens aktiv zu beteiligen oder ein gutes soziales Klima.

Diese Bereiche sollten als Stärken im Unternehmen kommuniziert und gepflegt werden, denn Sie können ggf. als Puffer für weniger gut gestaltete Merkmale mit geringem Gestaltungsspielraum wirken.

6.4 „Ressource festgestellt, aber von Mitarbeitenden nicht erkannt"

Auch hier sind Merkmale arbeitswissenschaftlich betrachtet bereits gut gestaltet. Dies wird von den Beschäftigten jedoch nicht erkannt, etwa weil Dinge als selbstverständlich oder irrelevant für die eigene Arbeit oder Gesundheit angesehen werden. Wenn ein Unternehmen beispielsweise Aufstiegs- und Entwicklungsmöglichkeiten anbietet, bei einem Beschäftig-

ten aber kein Aufstiegswunsch besteht, haben diese für ihn nur eine geringe Relevanz.

In der weiteren Arbeit ist auch hier zu prüfen ob eine Information bzw. Sensibilisierung der Beschäftigten sinnvoll sein kann um gut gestaltete Arbeitsmerkmale etwa im Rahmen eines betrieblichen Gesundheitsmanagements aktiv zu nutzen.

6.5 „Fragliche Antwort"

Fragliche Antworten treten zum Beispiel auf, wenn der Fragetext nicht richtig verstanden wurde, wenn entsprechend einer Gruppennorm geantwortet oder das Antwortkreuz versehentlich im falschen Feld gesetzt wurde. Ein hoher Anteil fraglicher Antworten zu einem Merkmal schränkt die Gültigkeit des Ergebnisses (Gestaltungserfordernis/Ressource) ein. Hier sollte im Nachgang, z.B. bei der Vorstellung der Ergebnisse in der Steuerungsgruppe, eine Klärung mit den Befragten angestrebt werden.

Wird das Merkmal A3.2 **„Bei der Arbeit wiederholen sich gleichartige Handlungen in kurzen Abständen"** in Spalte A mit **„Trifft eher zu"** beantwortet, weist dies auf eine negative Merkmalsausprägung hin. Wird Spalte B nun beantwortet mit **„Das finde ich gut"**, ist fraglich ob das Kreuz in Spalte A oder B versehentlich falsch gesetzt wurde, die Frage falsch verstanden wurde oder andere Gründe für dieses Antwortverhalten vorliegen. Beispielsweise könnte die Befürchtung bestehen für komplexere Aufgaben nicht ausreichend qualifiziert zu sein.

6.5   Besonderheiten in der Beobachtungsversion

Kommt die Beobachtungsversion von BASA zum Einsatz, sollte die Beobachtung durch eine fachkundige Person vorgenommen werden. Im Regelfall decken sich damit arbeitswissenschaftliche Bewertung und Einschätzung des Beobachters. Es werden in der Regel nur wenige Datensätze (bei mehreren Begehungsterminen), mitunter auch nur ein Datensatz pro beobachteter Tätigkeit (bei einem Beobachtungstermin) angelegt.

In einigen Fällen kann es aufgrund betriebsspezifischer Besonderheiten jedoch auch hier zu Abweichungen kommen. In diesen Fällen können konkrete Bedingungen im Freitextfeld hinterlegt werden (vgl. Teil 2 dieses Buches). Dies ist auch für ungünstig ausgeprägte Arbeitsmerkmale der Fall und erspart die bei einer Befragung erforderliche tiefergehende Klärung im Anschluss.

7 Arbeitsgestaltung: Maßnahmen zur Optimierung der psychischen Belastung

Der Arbeitsschutz dient der Erhaltung und Verbesserung von Sicherheit und Gesundheit der Beschäftigten bei der Arbeit. Die Maßnahmen des Arbeitsschutzes umfassen die Verhältnis- und Verhaltensprävention. Das Arbeitsschutzgesetz sieht dabei eine Reihenfolge der Maßnahmen vor (§ 4 ArbSchG) und verweist auf Gestaltungsgrundsätze. Ziel ist eine menschengerechte Gestaltung der Arbeit, bei der die Sicherheit und Gesundheit der Beschäftigten erhalten bleibt und gefördert wird.

Im Arbeits- und Gesundheitsschutz sollten Maßnahmen stets entlang des sog. STOP-Prinzips implementiert werden:

S   Substitution („Ersetzen" von Gefahrenquellen, z.B. gesundheitsgefährdenden Stoffen)

T   Technik (z.B. Schutzvorrichtungen)

O   Organisation (z.B. räumliche Trennung von sicheren und Gefahrenbereichen, zeitliche Begrenzung von Belastungen)

P   Person (z.B. Tragen von PSA, Schulungen zu Zeitmanagement)

Personenbezogene Maßnahmen sind den anderen drei Ebenen immer nachgelagert, ergänzen diese jedoch häufig sehr sinnvoll, insbesondere im Bereich des Kompetenzerwerbs.

Neben der entsprechenden Vorgabe im Arbeitsschutzgesetz konnte Fritz (2006) zeigen, dass auch die Effektivität und Kosteneffizienz technischer und organisatorischer Maßnahmen deutlich günstiger ausfallen als für personenbezogene Maßnahmen. Dies sollte auch bei der Auswahl von Maßnahmen zur Optimierung der psychischen Belastung berücksichtigt werden.

Gestaltungsgrundsätze bezüglich psychischer Arbeitsbelastung sind des Weiteren in DIN EN ISO 10075-2 (1998) sowie der DIN EN ISO 6385 (2004) enthalten.

Die Arbeitsgestaltung auf der Grundlage der BASA III-Ergebnisse umfasst einerseits den Abbau von ermittelten Belastungen, die durch die Gestaltungserfordernisse angezeigt werden, und andererseits den Aufbau von Ressourcen, die durch gering ausgeprägte Ressourcen angezeigt werden. Gestaltungsziele sind sicherheits- und gesundheitsförderliche Arbeitsbedingungen, die auch die Lernförderung mit einschließen. Zu beachten sind hierbei die unterschiedlichen Merkmalskontinuen von Sicherheit (von negativ bis neutral) und Gesundheit (von negativ über neutral bis positiv), wie sie bereits im BASA-I-Verfahren auf der Basis von Technischen Regeln beschrieben wurden (Richter, 2001).

7.1 Zusammenhänge zwischen den Arbeitsbedingungen

Für die Ermittlung möglicher Schwerpunktbereiche wurden Daten mehrerer Studien, die Gärtner (2006) zusammengestellt hat, statistisch geprüft. Im Folgenden werden Auszüge aus den Berechnungen der Korrelationen vorgestellt.

Die Wechselwirkungen zwischen BASA-Merkmalen (Arbeitsbedingungen, $N \approx 2.500$) sind unterschiedlich, z.B.:

- Schweres Heben und Tragen korreliert positiv mit Unfällen und Erkrankungen.
- Fehlende körperliche Abwechslung korreliert negativ mit Unfällen und positiv mit Erkrankungen.
- Körperlich schwere Arbeit korreliert positiv mit ungünstigen Arbeitsumgebungsbedingungen, wie Lärm, Staub usw., häufigem Arbeitsplatzwechsel, Schichtarbeit und ungünstiger Pausenregelung.
- Die Gestaltung von Stellteilen ($N \approx 800$) korreliert nur mit der Arbeitsplatzgestaltung, den Sicherheitsvorrichtungen, den Signalgebern und der PSA
- Unterbrechungen durch
    - Telefonanrufe korrelieren negativ mit fehlender körperlicher Abwechslung und positiv mit schwerer körperlicher Arbeit
    - Bei Kunden, Patienten, Klienten ist es umgekehrt
    - Kollegen haben bei fehlender körperlicher Abwechslung keinen Einfluss, bei körperlich schwerer Arbeit korrelieren sie negativ

- Bei einem ungünstigen Verhältnis zum Vorgesetzten werden andere Arbeitsbedingungen überwiegend schlecht bewertet. Hier stört quasi die „Fliege an der Wand".
- Ähnlich ist es, wenn der Arbeitsort ständig wechselt.

7.2 Zusammenhänge zwischen den Arbeitsbedingungen und gesundheitlichen Beschwerden

In einer Validierungsstudie von Walde (2005) wurde mit Hilfe multipler linearer Regressionen für längerfristige Beschwerden ermittelt, dass ungünstig gestaltete BASA-Merkmale vor allem Müdigkeit und Schmerzen vorhersagen.

In einer Studie in der Telekommunikationsbranche wurde ermittelt, dass ungünstig gestaltete BASA-Merkmale signifikant zu Rückenschmerzen führen.

7.3 Gestaltungshinweise

Zur Gestaltung einzelner Arbeitsmerkmale, insbesondere im Bereich psychischer Belastungen, gibt es eine Reihe von Veröffentlichungen und Internetportalen, z.B.:

Psychische Gesundheit in der Arbeitswelt. Wissenschaftliche Standortbestimmung (BAuA Bericht, 2017)

Praxishandbuch psychische Belastungen im Beruf (Windemuth et al., 2014)

Lehrbuch Betriebliche Gesundheitsförderung (Faller, 2016)

Arbeitswissenschaft (Schlick et al., 2010)

Gesundheitsförderung und Gesundheitsmanagement in der Arbeitswelt. Ein Handbuch (Bamberg et al., 2011)

Initiative Qualität Neue Arbeit (www.inqa.de) sowie Top 100 - Impulse aus der Praxis

Gemeinsame Deutsche Arbeitsschutzstrategie (http://www.gda-portal.de/de/Startseite.html)

Was unterscheidet gute und schlechte Arbeit?

In der INQA-Studie „Was ist gute Arbeit?" ist Fuchs (2006) dieser Frage nachgegangen. Im Vergleich von „guter" Arbeit (Typ 1) und schlechter, ressourcenarmer Arbeit (Typ 5) wird deutlich, in welche Richtung psychologisch Arbeitsgestaltung gehen sollte. Beim Typ 1 stehen einer hohen Anzahl und Ausprägung von Ressourcen eine geringere Anzahl und Ausprägung von Fehlbelastungen gegenüber (Richter, 2014, S. 91). Die Anzahl der Ressourcen hat Einfluss auf die Arbeitszufriedenheit. Eine hohe Arbeitszufriedenheit stärkt nicht nur das Kohärenzgefühl und die Gesundheit, sondern hat auch positiven Einfluss auf das Innovationspotential von Unternehmen und ihrer Wirtschaftlichkeit. „Zufriedene und gesunde Mitarbeiter sind ein Garant für zufriedene Kunden und eine Grundlage für den wirtschaftlichen Erfolg des Unternehmens." (Unternehmensbeispiel in: Stilijanow und Richter, 2017, S. 241).

Tabelle 2: Vergleich Anzahl und Ausprägung von Ressourcen und Fehlbelastungen bei guter Arbeit (Typ 1) und schlechter, ressourcenarmer Arbeit (Typ 5), (Fuchs, 2006)

Typ 1 „Gute, ressourcenreiche Arbeit"		Typ 5: „Schlechte, ressourcenarme Arbeit"	
Ressourcen	Angaben in Prozent	Ressourcen	Angaben in Prozent
Unterstützung durch Kollegen	83	Unterstützung durch Kollegen	62
Positive Rückmeldung	83	Positive Rückmeldung	32
Unterstützung durch Vorgesetzte	77	Unterstützung durch Vorgesetzte	23
Einfluss	61	Einfluss	6
Möglichkeiten für Abwechslung	48	Hilfreiche Weiterbildung	5
Hilfreiche Weiterbildung	27	Möglichkeiten für Abwechslung	2
Entwicklungsmöglichkeiten	20		

Typ 1 „Gute, ressourcenreiche Arbeit"		Typ 5: „Schlechte, ressourcenarme Arbeit"	
Fehlbelastungen	Angaben in Prozent	Fehlbelastungen	Angaben in Prozent
Unsicherheit	19	Unsicherheit	70
Körperliche Belastungen	14	Körperliche Belastungen	60
Unter-/ Überforderung	11	Unter-/Überforderung	53
Zu hohe Komplexität	6	Mangelnde Entwicklungs-möglichkeiten	50
Arbeitszeit	5	Hohe Komplexität	49
Arbeitsorganisatorische Probleme	3	Einflussmangel	48
Zu hohe Verantwortung	2	Arbeitsorganisatorische Probleme	45
Zeitdruck	2	Vorgesetzte	43
Emotionale Belastungen	2	Zeitdruck	40
Belastende Umgebung	1	Belastende Umgebung	35
Vorgesetzte	1	Arbeitszeit	34
		Emotionale Belastungen	34
		Widersprüchliche Anforde-rungen	33
		Kollegen	14
		Hohe Verantwortung	13

Im Folgenden wird exemplarisch auf die Gestaltung ausgewählter BASA III-Merkmale eingegangen. Mit einer Gestaltung der Arbeitsbedingungen, die arbeitswissenschaftlich und arbeitspsychologisch fundiert ist, können nicht nur die Sicherheit und Gesundheit bei der Arbeit erreicht werden, sondern beide auch langfristig gefördert werden. Dabei ist nicht nur die Gestaltung einzelner Arbeitsmerkmale relevant, sondern es sollte insbesondere auch auf Belastungskonstellationen geachtet werden. Schlussfolgernd daraus wird empfohlen, im Betrieb ganzheitliche Projekte zu planen und durchzuführen, die die Analyse, Bewertung und Gestaltung der psychischen Belastung umfassen.

Die folgenden Abschnitte erheben keinen Anspruch auf Vollständigkeit, sondern sollen erste Ideen für eine mögliche Gestaltung liefern. Eine organisationsspezifische Anpassung und Ausgestaltung einzelner Maßnahmen ist in jedem Fall erforderlich.

Teil A: Arbeitsaufgabe - Arbeitsinhalt

Hacker (2017) verweist darauf, dass lern- und gesundheitsförderliche Arbeitsgestaltung weitgehend auf gleichen Merkmalen aufbauen sollten: „Diese gemeinsamen Merkmale sind

- ganzheitliche und vollständige Tätigkeiten (das heißt Tätigkeiten mit vorbereitenden, organisierenden, ausführenden und kontrollierenden Teilen sowie mit psychisch automatisierten, wissens- und denkunterstützten Anforderungen), damit auch
- mit wechselnden und vielseitigen Anforderungen und
- Entscheidungsmöglichkeiten (Kontrolle), die unter anderem individuell beanspruchungsgünstige und altersgerechte Arbeitsweisen ermöglichen,
- die vorhandenen Qualifikationen nutzen und erhalten und
- Lernen beim Arbeiten zum Erhalten der Arbeitsfähigkeit erfordern,
- im Bedarfsfalle Möglichkeiten zur wechselseitigen, sozialen Unterstützung bieten sowie
- Überforderungen und Unterforderungen ausschließen."

Bei der Gestaltung der Merkmale der Arbeitsaufgabe muss darauf geachtet werden, dass nicht alle Merkmale maximal ausgeprägt sein sollten. Geringe Handlungsspielräume, geringe zeitliche und/oder inhaltliche Freiheitsgrade oder geringe Entscheidungsmöglichkeiten werden oft negativ erlebt. Sehr große Handlungsspielräume, Freiheitsgrade und Entscheidungsmöglichkeiten führen hingegen eher zur Überforderung.

Teil B: Organisatorische Arbeitsbedingungen

Hinweise zur Gestaltung der Arbeitsorganisation finden sich am ehesten in Change-Management-Projekten, die die Reorganisation oder Restrukturierung von ganzen Organisationen oder Betriebsteilen zum Ziel haben (Kieselbach et al., 2009; Berner, 2015). Maßnahmen zur Gestaltung der Arbeitsorganisation können auch Ergebnisse von Projekten zur betrieblichen Gesundheitsförderung (Faller, 2017; Schneider, 2011; Bamberg et al., 2011) oder der Gefährdungsbeurteilung psychischer Belastung sein (BAuA, 2014).

Debitz et al. (2016) empfehlen vor der Arbeitsaufnahme die Durchführung von Arbeitsbesprechungen. Dadurch werden die Transparenz der Arbeitsabläufe und die Verantwortlichkeiten geklärt.

Der BAuA-Arbeitszeitreport (2016) gibt einen aktuellen und umfassenden Überblick über die Arbeitszeiten in Deutschland. Durch die zeitliche Flexibilisierung der Arbeit ergeben sich einerseits Chancen und Risiken. Andererseits sind nach wie vor überlange Arbeitszeiten und ungünstige Schichtsysteme zu beobachten. Es gibt jedoch Hinweise, wie diese gesundheitsförderlich gestaltet werden können (BAuA, 2017):

So sollten überlange Arbeitszeiten und Überstunden möglichst vermieden werden, so dass eine Balance zwischen Arbeitszeit und anderen Bereichen des Lebens sowie insbesondere eine leistungserhaltende Erholung möglich wird. Bei Schichtarbeit sollte die Anzahl der aufeinanderfolgenden Nachtschichten begrenzt werden. Die Einflussnahme auf die Schichtpläne durch die Beschäftigten hat sich als gesundheitsförderlich erwiesen. Wichtig ist auch eine gute Pausengestaltung. Dennoch besteht gerade im Hinblick auf den stetigen Wandel der Arbeit weiterer Forschungsbedarf (BAuA, 2016).

Rau (2011) geht auf die Bedeutung von Erholung für das betriebliche Gesundheitsmanagement ein. Sie beschreibt dabei Effekte von arbeitsbezogenen Interventionen in allen Tagessegmenten, z. B. Ruhepausen, Anforderungsvielfalt und Handlungsspielraum, Arbeitsintensität und hohe Arbeitsdichte oder auch betriebliche Qualifikationsmaßnahmen.

Wie Maßnahmen der Arbeitsgestaltung aussehen können, zeigt Paridon (2013). Um häufige Unterbrechungen zu vermeiden, schlägt sie die Einrichtung von Sprechzeiten vor bzw. von Zeiten der Nicht-Erreichbarkeit. Bei Arbeitsunterbrechungen und Multitasking können verschiedene Strategien helfen, damit effektiv umzugehen (Baethge und Rigotti, 2017). So ist die sofortige Bearbeitung der Unterbrechungsaufgabe nicht wirklich effektiv. Besser ist es, die aktuelle Aufgabe zu beenden, damit sich keine Fehler einschleichen und es zu keiner Mehrarbeit kommt. Außerdem sollte Multitasking vermieden werden. Dafür sollten eher die Tagesaufgaben neu strukturiert oder wo möglich Aufgaben an andere Kolleginnen oder Kollegen weitergegeben werden.

Teil C: Soziale Arbeitsbedingungen

Mitarbeiterorientierte Führung und soziale Unterstützung von Kollegen sind als Ressourcen der Arbeit erkannt. Die Schlüsselfunktion guter Führung wurde auch im BAuA-Projekt „psychische Gesundheit (BAuA, 2017) bestätigt.

Die mitarbeiterorientierte Führung hat dabei erhebliches gesundheitsförderliches Potential. Vier grundlegende Aspekte sind in der folgenden Tabelle enthalten (Stilijanow und Bock, 2013).

Tabelle 3: Empirisch bestätigte Merkmale gesunder Führung (Stilijanow & Bock, 2013, S. 148)

Merkmal	Beispiele
Vorbildfunktion der Führungskraft in Bezug auf Gesundheit	Interesse an der eigenen Gesundheit, Wahrnehmung von gesundheitlichen Belastungen (eigene und die der Mitarbeiter), Vorbeugung vor Überlastung
Positive Beziehungsgestaltung mit den Mitarbeitern	Interesse am Wohlbefinden der Mitarbeiter, Offenheit, Zugänglichkeit und Respekt/ Wertschätzung im Umgang mit den Mitarbeitern
Gesundheitsförderliche Gestaltung der Arbeitsbedingungen	konstruktives Feedback, Partizipations- Lern- und Entwicklungsmöglichkeiten, Tätigkeitsspielräume, realistische und flexible Zielsetzung, Vermeidung von Überforderung
Engagement für die betriebliche Gesundheitsförderung	Erfragen von Gesundheitsgefährdungen am Arbeitsplatz, gemeinsame Entwicklung, Umsetzung und Wirksamkeitsprüfung von Maßnahmen zur Bekämpfung dieser Gefährdungen, Unterstützung BGM

Wichtige Merkmale einer gesunden Führung sind des Weiteren: soziale Unterstützung, Mitbestimmung und Beteiligung, Anerkennung und Wertschätzung.

Die erlebte Führungsqualität ist ein wichtiger, wenn nicht sogar der zentrale Faktor für die Arbeitszufriedenheit. Zu den Merkmalen einer guten Führungskraft gehören die (Weiter-)Entwicklung der Mitarbeitenden, eine gute Arbeitsplanung und die Lösung von Konflikten (FFAS et al., 2015). Widersprüchliche Anweisungen sollten vermieden werden.

Genauso wichtig ist ein gesundes Betriebsklima, das ebenfalls durch Mitbestimmung, Anerkennung und gegenseitige Wertschätzung sowie soziale Unterstützung gekennzeichnet ist. Grundvoraussetzungen auf der allgemeinen Organisationsebenen sind dafür Gerechtigkeit und Fairness, Transparenz bei der Aufgabenverteilung und beim Gehalt sowie die grundsätzliche Möglichkeit sich zu informieren, wie zum Beispiel der ungehinderte Zugang zum Intranet oder regelmäßige Gruppenbesprechungen (in Anlehnung an: König, 2014, S. 258). Die Hilfe durch soziale Unterstützung kann unterschiedlich erfolgen (Debitz et al., 2016), z.B. durch:

- materielle Unterstützung
- helfendes Verhalten
- Emotionale Unterstützung (durch Zuneigung, Vertrauen, Anteilnahme)
- Rückmeldungen
- Informative Unterstützung, z.B. durch Ratschläge
- Gesellige Aktivitäten
- Zugehörigkeit zu einem Netzwerk

Wichtig ist es außerdem, Konflikte zeitnah und offen anzugehen.

Teil D: Arbeitsumweltbezogene Arbeitsbedingungen

Die ergonomische Gestaltung der arbeitsumweltbezogenen Arbeitsbedingungen führt zum einen zur Vermeidung von Regulationsbehinderungen, die die Arbeitsausführung und letztlich die Sicherheit und Gesundheit am Arbeitsplatz beeinträchtigen, zum anderen sind die präventiven Aspekte der ergonomischen Gestaltung der Arbeitsumgebungsfaktoren bekannt. Die Ableitung und Umsetzung von Maßnahmen in diesen Bereichen erfolgen sowohl im Rahmen der Gefährdungsbeurteilung als auch in Projekten zur betrieblichen Gesundheitsförderung. Meist können sie im Betreib schneller umgesetzt werden als Maßnahmen zur Gestaltung der Arbeitsinhalte oder mögliche Kulturveränderungen. Wichtig ist, dass von Anfang an finanzielle Ressourcen von den jeweiligen Steuerkreisen oder vom Unternehmen dafür eingeplant wurden. Windel (2014, S. 124) weist darauf hin, „dass die Einhaltung von gesetzlichen Regelungen und Grenzwerten als Mindestvoraussetzung für die ergonomische Gestaltung der Arbeitsumgebung anzusehen sind."

Mindestanforderungen und gesetzliche Regelungen sind u.a. im Ratgeber zur Gefährdungsbeurteilung (BAuA, 2012) und in Schlick et al. (2010) nachzulesen.

Für körperliche Belastungen, wie das Sitzen, Stehen oder Transportieren sind im Screening Gesundes Arbeiten – SGA Gestaltungsempfehlungen und Sofortmaßnahmen zu finden (Debitz et al., 2016).

Beim BASA III-Verfahren kann es sein, dass trotz Einhaltung dieser Grenzwerte Gestaltungserfordernisse festgestellt werden. Bekannt ist zum Beispiel die additive Wirkung von Lärm (Windel, 2014), die gerade bei hohen Arbeitsanforderungen, wie Stress (vermittelt durch Zeit- und Leistungsdruck), zum Tragen kommen. Die ganzheitliche Sicht im BASA III-Verfahren erweist sich hier als Gestaltungsvorteil, weil diese Faktoren am untersuchten Arbeitsplatz gemeinsam bewertet werden.

Teil E: Technische Arbeitsbedingungen

Im Mittelpunkt der Gestaltung der technischen Arbeitsbedingungen stehen die Gestaltung der Mensch-Maschine- bzw. der Mensch-Computer-Interaktion. Zu entscheiden ist, welche Aufgaben die Maschinen oder der Computer übernehmen und welche beim Menschen verbleiben. Bekannt sind hier Überwachungstätigkeiten in Leitwarten der chemischen Industrie oder der Stromversorger oder Flugleitlotsen. Sie können schnell zur psychischen Unterforderungen führen, wenn hohe Aufmerksamkeit gefordert wird und lange Zeit nichts passiert. Ein Eingreifen im Störfall ist durch die dort arbeitenden Menschen oft nur noch risikobehaftet möglich und hat in der Vergangenheit zu bekannten Havarien mit beträchtlichen Folgen geführt, siehe z.B. Tschernobyl und andere.

Mindestanforderungen und gesetzliche Regelungen sind u.a. im Ratgeber zur Gefährdungsbeurteilung (BAuA, 2012) und in Schlick et al. (2010) nachzulesen.

Teil F: Sicherheitstechnische Arbeitsbedingungen

Die sicherheitstechnischen Arbeitsbedingungen müssen ebenfalls gestaltet werden, wenn sie die Arbeitsausführung behindern. Das kann die Persönliche Schutzausrüstung betreffen, wenn sie einengt oder zu groß ist. Es kann aber auch sein, dass notwenige Sicherheitsvorrichtungen die freie Sicht auf den Arbeitsprozess behindern. Das führt häufig zum Erleben von Stress, da entweder die Qualität nicht eingehalten werden kann oder die Bearbeitungszeit zu lang wird. Wenn hier Gestaltungserfordernisse angezeigt werden, sollte nach sicherheitsförderlichen Lösungen gesucht werden, da immer wieder berichtet wird, dass Sicherheitsvorrichtungen umgangen oder gar ganz abgebaut werden. Unfälle sind vorprogrammiert! Auch schwergehende oder schwerzugängliche Stellteile führen zu Regulationsbehinderungen. Nicht sichtbare oder schwer hörbare Signalgeber bergen ein Sicherheitsrisiko, da Handlungserfordernisse zu spät oder gar nicht erkannt werden.

Windel (2014) weist darauf hin, dass „Anzeigen zur Reduktion psychischer Belastungen so gestaltet sein sollten, dass sie die folgenden charakteristischen Eigenschaften erfüllen:

- Klarheit
- Unterscheidbarkeit
- Kompaktheit
- Konsistenz (insbesondere bei der Nutzung mehrerer Sinneskanäle
- Erkennbarkeit Lesbarkeit (bei optischen Anzeigen)
- Verständlichkeit."

Die Erfüllung dieser Merkmale trägt zur sicherheits- und gesundheitsförderlichen Informationsaufnahme und -verarbeitung bei.

Die Mindestanforderungen und gesetzliche Regelungen sind ebenfalls zu beachten (siehe u.a. im Ratgeber zur Gefährdungsbeurteilung (BAuA, 2012) und in Schlick et al., 2010).

Teil G: Betriebsspezifische Arbeitsbedingungen

Verfahrensseitig kann hier keine Bewertung der Merkmale zur Verfügung gestellt werden. Je nachdem, welche Bedeutung das Zutreffen oder Nichtzutreffen eines betriebsspezifischen Merkmals hat, ergibt sich daraus ein Gestaltungserfordernis. In Gruppendiskussionen sollte überlegt werden, welche Maßnahmen zur Arbeitsgestaltung hier abgeleitet werden können.

8   Zusammenfassung und Ausblick

BASA ist als universell einsetzbares Verfahren entwickelt worden, das der psychologischen Bewertung von Arbeitsbedingungen dient. BASA III ist auf die Bedürfnisse der Praxis angepasst. Der Einsatz ist für unterschiedliche Fragestellungen, in denen die Arbeitsbedingungen bewertet und gestaltet werden sollen, möglich, z.B. wenn es um die Erfassung psychischer Belastungen im Rahmen

- von Gefährdungsbeurteilungen oder
- in Projekten zur Betrieblichen Gesundheitsförderung oder
- in betrieblichen Interventionsprojekten geht

Wichtige Voraussetzungen sind bei betrieblichen oder überbetrieblichen Akteuren Grundkenntnisse zur psychischen Belastung sowie Verfahrenskenntnisse, so dass die Teilnahme an einem Grundlagenseminar psychische Belastung, das u.a. von den Berufsgenossenschaften und anderen Trägern angeboten wird, und an einer Verfahrensschulung empfohlen wird. Für das Gelingen auf betrieblicher Ebene sind des Weiteren auch Prozess-, Methoden- und Gestaltungskompetenzen vorteilhaft.

BASA hat für betriebliche AnwenderInnen eine Reihe von Vorteilen, die darin bestehen, dass BASA

- eine ganzheitliche Bewertung der Arbeitsbedingungen möglich macht, da ergonomische, technische und organisatorische Arbeitsmerkmale enthalten sind;
- Merkmale herkömmlicher Arbeitsplätze enthält sowie Merkmale, die sich aus Veränderungen der Arbeitswelt ergeben (u.a. Flexibilisierung von Arbeitszeit und -ort);
- eine Vorsortierung der Tätigkeiten vornimmt;
- eine Ergänzung zu Screening- und Expertenverfahren der Arbeitsanalyse, wie z. B. für die Verfahren REBA oder TBS darstellt, weil Merkmale der Ausführbarkeit und Schädigungslosigkeit von den ArbeitsplatzinhaberInnen beurteilt werden;

- auch eine Ergänzung für Screening- und Expertenverfahren der Gefährdungsbeurteilung, wie z. B. das SIGMA oder den FSD ist, die die Sichtweise der ArbeitsplatzinhaberInnen kaum berücksichtigen;
- Möglichkeiten anbietet, die Mitwirkungspflicht der ArbeitsplatzinhaberInnen im Rahmen der Erhaltung und Verbesserung von Sicherheit und Gesundheit, die gesetzlich festgeschrieben ist (ArbSchG § 15 f.), zu realisieren;
- nicht nur die Ableitung von Maßnahmen des Arbeitsschutzes (Gestaltung, Qualifizierung) gestattet, sondern auch vorhandene positive Merkmale von Arbeitsbedingungen im Sinne von Ressourcen anzeigt;
- eine Qualitätssicherung enthält, indem fragliche oder fehlende Antworten identifiziert werden.

In dem beschriebenen Bereich bietet BASA III eine ganzheitliche Analyse und Bewertung von Arbeitsbedingungen, weil es nicht nur nach dem Vorhandensein von Arbeitsbedingungen fragt, sondern auch das Erleben in den Kategorien „Das finde ich schlecht.", „Das finde ich weder schlecht noch gut.", „Das finde ich gut." einbezieht.

Vor dem Einsatz von BASA können die AnwenderInnen BASA III an die vorhandenen Arbeitsplätze anpassen, indem nicht vorkommende Tätigkeitsmerkmale herausgenommen werden können. Die Konstruktion betriebsspezifischer Merkmale ist in Teil G zusätzlich möglich.

BASA hat folgende Grenzen:

1. Das vorgestellte Verfahren BASA ist ein Screeningverfahren, weil
   - die BASA-Ergebnisse grob gerastert sind,
   - die drei Erlebenskategorien nicht hinterfragt werden,
   - nicht alle Merkmale bei allen Arbeitsplätzen vorkommen,

   und damit in der Regel weniger Merkmale bewertet werden.

2. Für das BASA-Verfahren wurde eine Software entwickelt, die die Handhabbarkeit des Verfahrens bei der Editierung, der Datenerhebung und -auswertung deutlich verbessert. Für die neue Verfahrensversion – BASA III – wurde auch die Software verändert. Mit dieser Software können die Daten bisheriger Studien nicht mehr bearbeitet werden.

3. BASA erhebt den Anspruch, Arbeitsanalyseverfahren oder Verfahren der Gefährdungsbeurteilung zu ergänzen, nicht zu ersetzen.

Gruber et al. (2016) machen u. a. darauf aufmerksam, dass eine Befragung der MitarbeiterInnen einer ersten Intervention gleichkommt. Ursache dafür ist, dass MitarbeiterInnen für die Themen, die mit dem Fragebogen angesprochen werden, sensibilisiert werden. Eine Befragung löst bei den MitarbeiterInnen Diskussionen, Hoffnungen und Ängste aus. Wenn den Taten keine Maßnahmen folgen, können sich anfänglich positive Effekte ins Gegenteil verwandeln. Frustration und Demotivierung sind mögliche Folgen. Bei einer späteren Wiederholungsbefragung ist die Beteiligung in der Regel niedriger oder wird ganz abgelehnt.

Der Einsatz von BASA mit Arbeits- und Beanspruchungsanalyseverfahren, mit Fragen zu psychosomatischen Beschwerden, Erkrankungen, Unfällen sowie soziodemografischen Daten erhöht die Aussagekraft der Ergebnisse.

Das Erkennen von Regulationsbehinderungen, die die Sicherheit und Gesundheit mindern, sowie von Ressourcen der Arbeit, die sicherheits- und gesundheitsförderlich sind, gehört zu den wichtigen Aufgaben der im Arbeitsschutz tätigen Psychologen. Ein einheitliches theoretisches Konzept und eine ganzheitliche Methodik sollten wichtige Grundlagen dafür sein.

8.1 Weitere Schritte

Aufgrund der umfassenden Überarbeitung des Verfahrens können die vorhandenen Validierungsstudien für BASA II nicht als aussagekräftig für BASA III betrachtet werden. Validierungsstudien werden aktuell durchgeführt. Aufgrund der organisatorischen Erfordernisse, die der betriebliche Einsatz eines Verfahrens sowie dessen Validierung in unterschiedlichen Settings und Branchen mit sich bringt, konnten die Ergebnisse in dieses Manual noch nicht mit aufgenommen werden. Der jeweils aktuelle Stand dazu wird unter **www.basanetzwerk.de** veröffentlicht.

Literatur

Antonovsky, A. (1987). Unraveling the Mystery of health. How People Manage Stress and Stay Well. San Francisco: Jossey-Bass.

Baethge, A.; Rigotti, T.: Bitte nicht stören! Tipps zum Umgang mit Arbeitsunterbrechungen und Multitasking. Dortmund: Bundesanstalt für Arbeitsschutz und Arbeitsmedizin 2017 (4., aktualisierte Auflage)

Beck, D, Morschhäuser, M. & Richter, G. (2014). Durchführung der gefährdungsbeurteilung psychischer Belastung. In Bundesanstalt für Arbeitsschutz und Arbeitsmedizin (Hrsg.): Gefährdungsbeurteilung psychischer Belastung. Erfahrungen und Empfehlungen (S. 45-130). Berlin: Erich Schmidt Verlag.

Bundesamt für Wehrtechnik und Beschaffung (Hrsg.) (2011). Handbuch der Ergonomie. Koblenz: Bundesamt für Wehrtechnik und Beschaffung.

Bundesanstalt für Arbeitsschutz und Arbeitsmedizin (Hrsg.) (2012). Ratgeber zur Gefährdungsbeurteilung: Handbuch für Arbeitsschutzfachleute. Dortmund: Bundesanstalt für Arbeitsschutz und Arbeitsmedizin.

Bundesanstalt für Arbeitsschutz und Arbeitsmedizin (Hrsg.) (2014) Gefährdungsbeurteilung psychischer Belastung. Erfahrungen und Empfehlungen. Berlin: Erich Schmidt Verlag.

Bundesanstalt für Arbeitsschutz und Arbeitsmedizin (Hrsg.): Psychische Gesundheit in der Arbeitswelt – Wissenschaftliche Standortbestimmung. Dortmund 2017.

Debitz, U., Mühlpfordt, S., Buruck, G., Muzykorska, E., Lübbert, U., & Schmidt, H. (2016). Der Leitfaden zum Screening Gesundes Arbeiten (SGA). Physische und psychische Gefährdungen erkennen – gesünder arbeiten! Initiative Neue Qualität der Arbeit (Hrsg.): Paderborn: Bonifatius Druckerei.

Deutsches Institut für Normung (2000). DIN EN ISO 10075-2. Ergonomische Grundlagen bezüglich psychischer Arbeitsbelastung. Teil 2: Gestaltungsgrundsätze. Berlin: Beuth.

Deutsches Institut für Normung (2004). DIN EN ISO 6385. Grundsätze der Ergonomie für die Gestaltung von Arbeitssystemen. Berlin: Beuth.

Freiburger Forschungsstelle (ffas); Institut für angewandte Sozialwissenschaft (infas); Forschungszentrum Familienbewusste Personalpolitik (FFP) (2015). Gewünschte und erlebte Arbeitsqualität. Abschlussbericht der repräsentativen Befragung. Bonn: Bundesministerium für Arbeit und Soziales

Fritz S (2006) Ökonomischer Nutzen von Maßnahmen der betrieblichen Gesundheitsförderung. 2 Aufl , MTO-Reihe 37, vdf, Zürich

Gemeinsame Deutsche Arbeitsschutzstrategie (Hrsg.) (2016). Arbeitsschutz in der Praxis. Empfehlungen zur Umsetzung der Gefährdungsbeurteilung psychischer Belastung. Berlin: GDA.

Greiner, B., Leitner, K, Weber, W.-G., Hennes, K. & Volpert, W. (1987). RHIA – ein Verfahren zur Erfassung psychischer Belastung. In K. Sonntag (Hrsg.), Arbeitsanalyse und Technikentwicklung (S. 145-161). Köln: Bachem.

Hacker, W. (2009). Arbeitsgegenstand Mensch: Psychologie dialogisch-interaktiver Erwerbsarbeit. Ein Lehrbuch. Lengerich: Papst.

Hacker, W. & Sachse, P. (2014). Allgemeine Arbeitspsychologie. Psychische Regulation von Tätigkeiten (3., vollst. Überarbeitete Auflage). Göttingen: Hogrefe.

Hacker, W. (2017) Gesundheitsförderliche Arbeitsgestaltung in KMU. In: Betriebliche Prävention, 06/2017, S. 246 – 249.

Initiative Neue Qualität der Arbeit (Hrsg.) (2016). Gesunde Mitarbeiter – gesundes Unternehmen. Eine Handlungshilfe für das Betriebliche Gesundheitsmanagement. Berlin: INQA.

Kieselbach, Th. (2009). Gesundheit und Restrukturierung: Innovative Ansätze und Politikempfehlungen. München und Mering: Rainer Hampp Verlag.

König, I. (2014). Betriebsklima, Personalauswahl und Personalentwicklung. In: Windemuth, D., Jung, D., Petermann, O. (Hrsg.): Praxishandbuch psychische Belastungen im Beruf. (S. 253 – 263). Wiesbaden: Universum Verlag

Paridon, H. (2015). Gefährdungsbeurteilung psychischer Belastungen. Tipps zum Einstieg. Berlin: DGUV.

Paridon, H. (2016). Psychische Belastung in der Arbeitswelt. Eine Literaturanalyse zu Zusammenhängen mit Gesundheit und Leistung. iga.Report 32.

Rau, R.:. (2011). Zur Wechselwirkung von Arbeit, Beanspruchung und Erholung. In E. Bamberg, A. Ducki & A. M. Metz (Hrsg.), Gesundheitsförderung und Gesundheitsmanagement in der Arbeitswelt: Ein Handbuch (S. 83-106). Göttingen: Hogrefe.

Richter, G. (2001). Psychologische Bewertung von Arbeitsbedingungen. Schriftenreihe der BAuA, Fb 909. Bremerhaven: Wirtschaftsverlag NW

Richter, G. & Schatte, M. (2011). Psychologische Bewertung von Arbeitsbedingungen. Screening für Arbeitsplatzinhaber – BASA II – Dortmund/Berlin/Dresden: Bundesanstalt für Arbeitsschutz und Arbeitsmedizin.

Richter, G. (2014). Gesundheitsförderliche Aspekte der Arbeit. In: Windemuth, D., Jung, D., Petermann, O. (Hrsg.): Praxishandbuch psychische Belastungen im Beruf (S. 88 – 97). Wiesbaden: Universum Verlag GmbH.

Schlick, C., Bruder, R. & Luczak, H. (2010) Arbeitswissenschaft. Berlin: Springer Verlag.

Stilijanow, U.; Bock, P. (2013). Keine Zeit für gesunde Führung? Befunde und Perspektiven aus Forschung und Beratungspraxis. In: Morschhäuser, M.; Junghanns, G. (Hrsg.): Immer schneller, immer mehr – Psychische Belastung bei Wissens- und Dienstleistungsarbeit (S. 145 – 164). Wiesbaden: Springer Fachmedien

Stilijanow U.; Richter, G. (2017). Gesunde Führung. In: Faller, G. (Hrsg.): Lehrbuch Betriebliche Gesundheitsförderung (S. 233 – 242). Bern: Hogrefe.

Windel, A. (2014). Ergonomie und Gebrauchstauglichkeit. In: Windemuth, D., Jung, D., Petermann, O. (Hrsg.): Praxishandbuch psychische Belastungen im Beruf (S. 123 – 130). Wiesbaden: Universum Verlag.

Anhang 1: Die Verfahren BASA-I und BASA-II

Die Psychologische Bewertung von Arbeitsbedingungen – Screening für Arbeitsplatzinhaber, kurz das BA-SA-Verfahren genannt, wurde 2001 in der Schriftenreihe der Bundesanstalt für Arbeitsschutz und Arbeitsmedizin (BAuA) mit dem Forschungsbericht Fb 909 erstmalig vorgestellt (Richter, 2001). Das Ziel der Entwicklung des BASA-Verfahrens bestand darin, ArbeitsplatzinhaberInnen in die betriebliche Gefährdungsbeurteilung und in Projekte zur betrieblichen Gesundheitsförderung einzubeziehen, so dass sie aus ihrer Sicht an ihrem Arbeitsplatz die vorhandenen Bedingungen beurteilen.

Mit BASA werden nicht nur negative Aspekte, d. h. Defizite in der Arbeitsplatzgestaltung, erfasst sondern auch bereits gut gestaltete Bereiche identifiziert. Sie werden als Ressourcen bei der Ausführung der Arbeitsaufgaben angesehen. Die Ergebnisse der Studien, die mit dem BASA-Verfahren durchgeführt wurden, weisen darauf hin, dass es zwar Gestaltungsdefizite an den untersuchten Arbeitsplätzen gibt, belastungsrelevanter sind jedoch in vielen Fällen eher die unzureichenden oder fehlenden Ressourcen.

Mit dem BASA-Verfahren wurden bisher 2.762 ArbeitsplatzinhaberInnen an ca. 150 verschiedenen Arbeitsplätzen befragt. Eine Voraussetzung für diese hohe Anzahl von Befragungen waren Kooperationsvereinbarungen zwischen der Bundesanstalt für Arbeitsschutz und Arbeitsmedizin und der Deutschen Telekom NO sowie der Techniker Krankenkasse. Ohne das Engagement der Kooperationspartner wären der Einsatz und die Weiterentwicklung des BASA-Verfahrens sehr erschwert gewesen.

Bei der Durchführung der BASA-Studien wurde in Zusammenarbeit mit den Kooperationspartnern festgestellt, dass das Verfahren einiger Ergänzungen bedarf. Zusätzlich zum BASA-Fragebogen wurden infolge-dessen eine Beobachtungsversion und ein Leitfaden für Gruppendiskussion entwickelt. Aus dem Umfang der Studien resultierte recht bald die Notwendigkeit einer Auswertesoftware. Für die Entwicklung und die nutzerfreundliche Umsetzung der Software gilt Herrn Dr. Martin Schatte (BAuA) besonderer Dank.

Die genannten Umstände haben des Weiteren eine Teilvalidierung des BASA-Fragebogens und der Beobachtungsversion ermöglicht (Walde, 2005).

In Richter und Schatte (2009) wurden die Ergebnisse der Prüfung der Binnenstruktur des BA-SA-Verfahrens aufgenommen. Die differenzierte Prüfung der Binnenstruktur mit Hinweisen für die Weiterentwicklung des BASA-Verfahrens hat Kathrin Gärtner (2006) in ihrer Diplomarbeit an der TU Dresden vorgenommen. Anhand der Faktorenanalysen, die sie im Rahmen ihrer Ar-beit durchgeführt hat, konnte sie außerdem für die neuen Subgruppen von BASA das Konzept der Arbeitsbedingungen von Hacker (Klassifikation von Arbeitsbedingungen aus psychologischer Sicht, 2005) bestätigen. Für die Ergebnisse herzlichen Dank.

Parallel zur Prüfung der Binnenstruktur wurde eine BASA-AnwenderInnenbefragung durchgeführt. Die Ergebnisse beider Validierungsstudien und der AnwenderInnenbefragung (Richter und Schatte, 2009) haben dazu beigetragen, dass die Subgruppenzahl erweitert wurde. Untergruppen wurden umplatziert und neu formiert, Items wurden umformuliert und in andere Untergruppen eingefügt.

Mit BASA II hatten die NutzerInnen im Teil G erstmalig die Möglichkeit, die BASA II - Merkmale an die untersuchte Tätigkeit anzupassen, in dem die entsprechenden Merkmalsgruppen ausgewählt werden. Außerdem konnten im Teil H betriebsspezifische Arbeitsbedingungen formuliert werden.

Neu war auch, dass jeder Antwort ein Ergebnis zugeordnet war. Es handelte sich dabei um den Gestaltungsbedarf (G), den Diskussionsbedarf (D), Ressourcen (R) bei der Arbeit und fragwürdige Antworten (F).

Ziel war es, mit der neuen Version von BASA noch mehr mit den ArbeitsplatzinhabernInnen und Führungskräften ins Gespräch zu kommen.

Die betrieblichen Studien (Richter und Schatte, 2009) zeigen die breite Anwendbarkeit von BA-SA. Die Zusammenhänge zwischen ungünstig gestalteten Arbeitsbedingungen und gesundheitlichen Beschwerden unterstreichen die Notwendigkeit einer menschengerechten Gestaltung von Arbeit, wie sie u.a. im Arbeitsschutzgesetz gefordert wird.

Dr. Martin Schatte hat fachlich kompetent die Software für das BASA-Verfahren entwickelt und entsprechend der Ergebnisse der BASA-Validierung weiterentwickelt. Dafür herzlichen Dank! Dr. Martin Schatte ist im Januar 2010 in den wohlverdienten Ruhestand getreten.

Anhang 2: BASA-Merkmale und Kurzbegriffe

Teil A: Arbeitsaufgabe - Arbeitsinhalt		
A1	**Abwechslung/Variabilität**	
A1.1	müssen die Arbeitsplatzinhaber viele Dinge gleichzeitig erledigen.	Multi-Tasking
A1.2	wiederholen sich gleichartige Handlungen in kurzen Abständen.	Kurzzyklische Aufgaben
A2	**Einflussmöglichkeiten/Handlungsspielraum**	
A2.1	ist genau vorgeschrieben, wie die Arbeitsplatzinhaber die Arbeit machen müssen.	Handlungsspielraum
A2.2	können die Arbeitsplatzinhaber bei wichtigen Dingen mitreden und mitentscheiden.	Partizipation
A3	**Vollständigkeit**	
A3.1	können die Arbeitsplatzinhaber die Arbeitsaufgaben von Anfang bis Ende bearbeiten. (nicht nur selbst ausführen, sondern auch selbst vorbereiten, koordinieren und kontrollieren, z.B. das Ergebnis prüfen).	Vollständiger Arbeitsablauf
A3.2	sehen die Arbeitsplatzinhaber am Ergebnis, ob ihre Arbeit gut war oder nicht.	Rückmeldung aus der Tätigkeit
A4	**Arbeitsumfang**	
A4.1	haben die Arbeitsplatzinhaber zu wenig zu tun.	Arbeitsmenge (niedrig)
A4.2	haben die Arbeitsplatzinhaber zu viel zu tun.	Arbeitsmenge (hoch)
A5	**Verantwortung**	
A5.1	entsprechen die Entscheidungsbefugnisse den festgeschriebenen Arbeitsaufgaben.	Passung Entscheidungsbefugnisse zu Aufgaben
A5.2	sind die Zuständigkeiten und die Verantwortlichkeiten klar geregelt.	Klare Regelung der Verantwortlichkeiten

A6	Informationen/Informationsangebot	
A6.1	haben die Arbeitsplatzinhaber alle Informationen, die sie für die Erfüllung ihrer Arbeitsaufgabe benötigen.	Verfügbarkeit aller relevanten Informationen
A6.2	erhalten die Arbeitsplatzinhaber zu viele Informationen (Reizüberflutung).	Informationsdichte
A7	**Arbeit mit Kunden, Klienten, Patienten**	
A7.1	erhalten die Arbeitsplatzinhaber für herausfordernde Situationen entsprechende Qualifizierungs- oder Supervisionsangebote. (z.B. nach tätlichen Übergriffen, beim Umgang mit Leid und Sterben)	Qualifizierungs-/Supervisionsangebote
A7.2	wird aggressiven Handlungen oder gewalttätigen Übergriffen von Kunden, Klienten oder Patienten wirksam vorgebeugt.	Gewaltprävention
A7.3	erhalten die Arbeitsplatzinhaber bei Beschwerden Rückendeckung vom Vorgesetzten.	Rückendeckung vom Vorgesetzten
A7.4	können sich die Arbeitsplatzinhaber in den meisten Situationen authentisch verhalten.	Möglichkeit zu authentischem Verhalten
Teil B: Organisatorische Arbeitsbedingungen		
B1	**Arbeitsorganisation**	
B1.1	kommt es zu Zeit- und Termindruck.	Zeit- /Termindruck
B1.2	kommt es zu Personalengpässen.	Personalengpässen
B1.3	erhalten die Arbeitsplatzinhaber Rückmeldungen über ihre Arbeit.	Rückmeldung über die Arbeit
B1.4	kommt es zu Störungen und Unterbrechungen.	Störungen/Unterbrechungen
B2	**Arbeitszeit**	
B2.1	kommt es regelmäßig zu Überstunden.	Überstunden
B2.5	sind Dienstpläne bzw. Arbeitszeiten mindestens 2 Wochen im Vorfeld bekannt.	Vorhersehbarkeit der Arbeitszeit
B2.6	sind die Pausen ausreichend und störungsfrei.	Pausen

B2.8	haben die Arbeitsplatzinhaber geteilte Dienste (z. B. Früh- und Abenddienst, mittags frei).	Geteilte Dienste
B2.9	wird von den Beschäftigten erwartet, auch nach Feierabend erreichbar zu sein (z.B. für Anrufe, E-Mails)	Zeitliche Entgrenzung der Arbeit
B3	**Spezielle Arbeitszeiten: Wochenend-, Feiertags- bzw. Nachtarbeit und/oder Rufbereitschaft**	
B3.1	wird nach Möglichkeit vermieden.	Vermeidung spezieller Arbeitszeiten
B3.2	wird fair im Team aufgeteilt.	Faire Verteilung spezieller Arbeitszeiten
B3.3	ist mindestens 2 Wochen im Vorfeld bekannt.	Vorhersehbarkeit spezieller Arbeitszeiten
B4	**Fehler**	
B4.1	können Fehler erhebliche negative Konsequenzen haben (z.B. Personenschäden, hohe finanzielle Verluste oder Mehrkosten, Arbeitsplatzverlust).	Erhebliche Konsequenzen von Fehlern
B4.2	wird beim Auftreten von Fehlern sachlich nach der Ursache gesucht.	Sachliche Ursachensuche von Fehlern
B4.3	erhalten die Arbeitsplatzinhaber Rückmeldungen über eigene Fehler.	Rückmeldung über eigene Fehler
B5	**Qualifikation**	
B5.1	sind die Arbeitsplatzinhaber für die zu erledigenden Aufgaben passend qualifiziert. (nicht zu hoch oder zu niedrig)	Passende Qualifikation
B5.2	werden neue Arbeitsplatzinhaber in die Abläufe des Betriebes und der Arbeitsgruppe eingewiesen bzw. eingearbeitet.	Einarbeitung
B5.3	erhalten die Arbeitsplatzinhaber passende Fortbildungen bzw. Schulungen.	Passende Fortbildungen
B6	**Weiterentwicklung**	
B6.1	haben die Arbeitsplatzinhaber die Möglichkeit immer wieder Neues dazu zu lernen	Lernmöglichkeiten in der Arbeit
B6.2	haben die Arbeitsplatzinhaber Aufstiegs- und/oder Entwicklungsmöglichkeiten. (z.B. Weiterqualifizierung, Projektarbeit)	Aufstiegs-/Entwicklungsmöglichkeiten

B7	**Flexible Arbeitsorte**	
B7.1	ist den Arbeitsplatzinhabern rechtzeitig vorher bekannt.	Vorhersehbarkeit des Arbeitsortes
B8	**Bereichsübergreifende Zusammenarbeit**	
B8.1	läuft der Informationsaustausch zwischen Abteilungen / Bereichen reibungslos.	Informationsaustausch zwischen Bereichen
B8.2	sind Kompetenzen und Verantwortlichkeiten zwischen Abteilungen / Bereichen klar geregelt.	Klare Regelung der Verantwortlichkeiten zwischen Bereichen
B8.3	funktioniert die Zusammenarbeit zwischen Abteilungen / Bereichen insgesamt gut.	Funktionierende Zusammenarbeit zwischen Bereichen

Teil C: Soziale Arbeitsbedingungen

C1	**Vorgesetzte**	
C1.1	erhalten die Arbeitsplatzinhaber widersprüchliche Anweisungen vom Vorgesetzten.	Widersprüchliche Anweisungen
C1.2	wechselt der Vorgesetzte häufig.	Wechsel des Vorgesetzten
C1.3	erhalten die Beschäftigten bei der Realisierung ihrer Aufgaben fachliche und soziale Unterstützung vom Vorgesetzten.	Fachliche und soziale Unterstützung durch Vorgesetzte
C1.4	sind Entscheidungen der Leitung des Hauses bzw. vom Management nachvollziehbar.	Transparente Entscheidungen
C1.5	erhalten die Arbeitsplatzinhaber vom direkten Vorgesetzten Anerkennung und Lob für ihre Arbeit.	Anerkennung durch Vorgesetzte
C1.6	werden Konflikte zwischen Vorgesetztem und Mitarbeiter fair und konstruktiv gelöst.	Umgang mit Konflikten zwischen Vorgesetzten und Mitarbeitern
C1.7	wird Kritik durch den direkten Vorgesetzten sachlich geäußert.	Sachliche Kritik
C2	**Kollegen**	
C2.1	erhalten die Arbeitsplatzinhaber bei der Realisierung ihrer Aufgaben fachliche und soziale Unterstützung von ihren Kollegen.	Fachliche und soziale Unterstützung durch Kollegen
C2.2	geben sich die Arbeitsplatzinhaber gegenseitig Lob und Anerkennung für die geleistete Arbeit.	Anerkennung durch Kollegen

| C2.3 | werden Konflikte zwischen Kollegen fair und konstruktiv gelöst. | Umgang mit Konflikten zwischen Kollegen |

Teil D: Arbeitsumweltbezogene Arbeitsbedingungen

D1	**Arbeitsumgebung**	
D1.1	ist es durch andere Arbeitsprozesse, Personen, ... laut.	Lärm
D1.2	riecht es schlecht.	Gerüche
D1.3	ist es zu heiß oder zu kalt.	Temperatur
D1.4	zieht es.	Zugluft
D1.5	ist es zu hell oder zu dunkel.	Beleuchtung
D2	**Einwirkungen**	
D2.1	staubt es.	Staub
D2.2	kommen die Arbeitsplatzinhaber in Kontakt mit gefährlichen Gasen und Dämpfen.	Gase & Dämpfe
D2.3	kommen die Arbeitsplatzinhaber in Kontakt mit Gefahrstoffen.	Gefahrstoffe
D2.4	sind die Arbeitsplatzinhaber gefährlichen Strahlungen ausgesetzt.	Strahlungen
D2.5	schwingt, vibriert es.	Schwingungen & Vibrationen
D2.6	kommt es zu elektrischen Aufladungen.	Elektrische Aufladungen
D3	**Körperhaltung**	
D3.1	gibt es körperliche Abwechslung.	Körperliche Abwechslung
D3.2	werden die Arbeitsaufgaben hockend, kniend oder gebückt erfüllt.	Zwangshaltung
D3.3	ist der Oberkörper verdreht.	Verdrehter Oberkörper
D3.4	werden Über-Kopf-Arbeiten ausgeführt.	Über-Kopf-Arbeiten
D3.5	werden schwere Gegenstände bewegt.	Bewegen schwerer Gegenstände
D4	**Arbeitsplatzmaße**	
D4.1	bietet genügend Bewegungsfreiheit.	Bewegungsfreiheit
D4.2	ist übersichtlich.	Übersichtlichkeit des Arbeitsplatzes
D4.3	hat ausreichende Ablage-, Abstellflächen.	Ablage- und Abstellflächen
D5	**Arbeits-/Hilfsmittel**	
D5.1	sind ausreichend vorhanden.	Verfügbarkeit der Arbeits- und Hilfsmittel
D5.2	sind zweckmäßig.	Zweckmäßigkeit der Arbeits- und Hilfsmittel

D5.3	funktionieren immer.	Funktionstüchtigkeit der Arbeits- und Hilfsmittel
D6	**Sicherheit und Gesundheit**	
D6.1	wird Verletzungen wirksam vorgebeugt. (z. B. schneiden, stoßen, quetschen, verbrennen, verbrühen, …)	Vorbeugung von Verletzungen
D6.2	wird Unfällen wirksam vorgebeugt. (z.B. abstürzen, verschüttet werden, getreten werden, ge- oder erschlagen werden, ...)	Vorbeugung von Unfällen
D6.3	erhalten die Arbeitsplatzinhaber regelmäßig Arbeitsschutzunterweisungen.	Arbeitsschutzunterweisungen
D6.4	wird das Verhalten in Gefahrfällen regelmäßig geübt. (z.B. Brand, Havarie, Amok)	Havarieübungen
D6.5	werden Maßnahmen zur Gesundheitsförderung, angeboten. (z.B. im Rahmen von BGM und/oder BEM)	Gesundheitsförderung
Teil E: Technische Arbeitsbedingungen		
E1	**Maschinen**	
E1.1	sind gut bedienbar.	Bedienbarkeit der Maschinen
E1.2	verlangen Wartezeiten (z. B. durch ungeplante technische Störungen).	Wartezeiten an Maschinen
E2	**Bildschirm**	
E2.1	spiegelt bzw. es kommt zu Blendungen.	Spiegelungen/Blendungen an Bildschirm
E2.2	hat einen guten Zeichenkontrast, eine scharfe Zeichendarstellung und Zeichengröße.	Darstellungsqualität am Bildschirm
E2.3	ist für die zu erfüllenden Arbeitsaufgabe groß genug bzw. es sind für die zu erfüllende Arbeitsaufgabe ausreichend Bildschirme vorhanden.	Größe/Anzahl der Bildschirme
E3	**Software**	
E3.1	macht den Arbeitsplatzinhaber auf Bedienfehler aufmerksam.	Hinweise auf Bedienfehler durch die Software
E3.2	stürzt häufig ab, reagiert verzögert oder verlangt Wartezeiten.	Softwarestabilität
E3.3	ist selbsterklärend.	Selbsterklärende Software

E3.4	zwingt die Arbeitsplatzinhabern zu festgelegten Arbeitsschritten.	Durch Software festgelegte Arbeitsschritte
E3.5	bietet Hilfs- und Lernprogramme an.	Hilfs- und Lernprogramme durch Software
E3.6	passt zu der zu erfüllenden Arbeitsaufgabe.	Passung der Software zur Aufgabe
Teil F: Sicherheitstechnische Arbeitsbedingungen		
F1	**Sicherheitsvorrichtungen**	
F1.1	sind vollständig vorhanden.	Vollständigkeit der Sicherheitseinrichtungen
F1.2	sind zweckmäßig.	Zweckmäßigkeit der Sicherheitseinrichtungen
F1.3	sind in gutem Zustand.	Zustand der Sicherheitseinrichtungen
F2	**Stellteile**	
F2.1	sind für die Arbeitsplatzinhaber immer erreichbar.	Erreichbarkeit der Stellteile
F2.2	stimmen mit den Anzeigen, Informationen, Signalen und der zu erfüllenden Arbeitsaufgabe überein.	Passung der Stellteile zu Erwartungen und Arbeitsaufgabe
F3	**Signalgeber**	
F3.1	sind immer ablesbar bzw. hörbar.	Wahrnehmbarkeit der Signalgeber
F3.2	stimmen mit den erwarteten Signalen, Informationen und der zu erfüllenden Arbeitsaufgabe überein.	Passung der Signalgeber zu Erwartungen und Arbeitsaufgabe
F4	**Persönliche Schutzausrüstung (PSA)**	
F4.1	ist immer verfügbar.	Verfügbarkeit der PSA
F4.2	ist immer in Ordnung.	Zustand der PSA
F4.3	ist bequem.	Tragbarkeit der PSA

Teil 2:

SOFTWARE-BESCHREIBUNG BASA III

Martin Schatte

1 Grundlagen

1.1 Was ist neu in der BASA-Software-Version III?

- Die Benutzeroberfläche wurde grundlegend neu gestaltet. Dabei wurde Wert auf Selbsterklärung und einfache Bedienbarkeit gelegt.
- Die Anwendung ist erst ab Excel 2007 lauffähig (entwickelt unter Excel 2010 mit einer Bildschirmauflösung von 1600*900 (16:9)
- Alle zu einer Analyse gehörigen Dateien (bisher: Merkmals, Daten-, Fragebogendatei usw.) sind in einer einheitlichen Analysedatei zusammengefasst.
- Die Vorbereitung einer Analyse erfolgt nun in einem Schritt-für-Schrittverfahren und kann unterbrochen und im aktuellen Zustand gespeichert werden. Erst nach Vorliegen aller Informationen werden die Datei(en) erzeugt.
- Es entfällt die bisher ggfls. notwendige Bearbeitung der Merkmalsdatei, diese erfolgt innerhalb des Vorbereitungsverfahrens im Hintergrund.
- Für die Dateneingabe wurde eine zusätzliche Möglichkeit (Eingabe per Tastatur auf dem Formular) hinzugefügt.
- Begriffe wurden entsprechend ihrer realen Bedeutung geändert, z.B.: - Ordnungsmerkmal -> Strukturmerkmal - Variante -> Tätigkeit
- Es sind maximal vier Strukturmerkmale möglich (bisher drei).
- Es kann in der Beobachtungsversion eine Bemerkung für jede Hauptfrage und eine allgemeine Bemerkung eingegeben werden.
- Entsprechend der inhaltlichen Überarbeitung des Verfahrens BASA wurden Fragen und Bewertungen ergänzt und geändert, die Auswertung wurde entsprechend angepasst.
- Es gibt keine Abwärtskompatibilität zu vorherigen Versionen von BASA.

1.2   Einführung, Hard- und Software-Voraussetzungen

Das vorliegende Excel-Makro dient der Erfassung und Auswertung von Daten nach der BASA-Methode. Es wird vorausgesetzt, dass der/die AnwenderIn mit den sachlichen Inhalten der BASA-Methode vertraut ist.

Ein Makro ist eine in VBA (Visual Basic for Applications) geschriebene Folge von Programmschritten, deren Abarbeitung die Existenz der Wirtsanwendung MS Excel voraussetzt. Es ist für den/die NutzerIn der Software nicht notwendig, Kenntnisse über VBA zu besitzen, da alle Aktionen über die Benutzeroberfläche mit Hilfe von sog. Dialogfeldern initiiert werden bzw. automatisch beim Öffnen oder Schließen von Dateien ablaufen. Die Dialogfelder werden im Folgenden Formular genannt.

Die Makros sind unter MS Excel2010 erstellt, sollten aber unter MS Excel2007 und höheren Excel-Versionen lauffähig sein. Bei der Entwicklung wurde ein 16:9-Bildschirm mit einer Auflösung von 1600*900 verwendet. Die Dialogfelder können gezoomt werden; bei der Anwendung auf Bildschirmen mit erheblich abweichender Größe/Auflösung sind aber Probleme bei der Darstellung nicht zu vermeiden.

Außerdem muss die Ausführung von Makros gestattet sein (Excel 2010: Menü Datei - Optionen - Sicherheitscenter - Einstellungen für das Sicherheitscenter - Einstellungen für Makros: Makros mit Benachrichtigung deaktivieren)

Die Makrodatei ist gegen Ansicht des Codes per Passwort geschützt, um versehentliche Änderungen zu verhindern. Weiterentwicklungen sind nur in Zusammenarbeit mit dem BASA-Netzwerk durchzuführen, eine kommerzielle Verwendung der Weiterentwicklung ist ausgeschlossen.

> **Die vorliegende Version der Makros wird als 'as is' – Version ausgegeben. Ein Anrecht auf den Erhalt von Updates besteht nicht.**

Die Makros sind nach bestem Wissen erstellt und mit größtmöglicher Sorgfalt getestet worden, eine Garantie für absolute Fehlerfreiheit kann aber nicht gegeben werden. Für technische Fehler und Probleme sowie deren Folgen wird keine Haftung übernommen. Etwaige Ersatzansprüche gleich welcher Art sind ausgeschlossen.

Die vorliegende Dokumentation beschreibt nur den üblichen Ablauf, Sonderfälle wer-den nicht beschrieben. Die Sonderfälle führen meist zu nicht aktiven Schaltflächen auf den jeweiligen Formularen, die nach korrekter Ausführung der Operation wieder aktiv geschaltet werden.

Tritt im Folgenden ein in Kapitälchen und fett formatierter Begriff auf (Beispiel: **ABBRECHEN**), so handelt es sich um den Hinweis auf eine entsprechend beschriftete Schaltfläche auf einem Formular (Dialogfeld).

1.3   Begriffe und Dateien

Begriffe

Eine **Fragebogenversion** beschreibt eine durch den/die ArbeitsplatzinhaberIn durchgeführte Einschätzung des eigenen Arbeitsplatzes. Eine **Beobachtungsversion** beschreibt die durch einen Anderen (z. B. Arbeitspsychologen, Betriebsarzt, Sicherheitsfachkraft, ...) durchgeführte Einschätzung. Die Auswertung erfolgt in beiden Fällen durch einen mit dem Verfahren BASA Vertrau-ten. Daten aus unterschiedlichen Versionen können nicht gemeinsam ausgewertet werden.

Die **Makrodatei** BASAIII.xlsm enthält den Programmcode, der zur rechnergestützten Bearbeitung der BASA – Daten notwendig ist.

Eine **Analysedatei** enthält alle Informationen (Fragen, Daten, Strukturmerkmale...) einer Analyse. Diese bestehen aus mehreren Tabellenblättern:

- Merkmale (ausgeblendet, gesperrt): Fragen, Bewertungen, Bezeichnungen, Strukturmerkmale,...).
- Fragebogen (ggfls. mehrere): druckbarer Fragebogen mit ggfls. Bezeichnungen der Strukturmerkmale

- Daten (ausgeblendet): eingegebene Daten der Fragebögen
- ggfls. Struktur: Strukturmerkmale, Codierungen, Anzahl der betroffenen Mitarbeiter...

Eine **Maildatei** ist eine Exceldatei, die per integriertem Makro vom Befragten auszufüllen ist. Die Maildatei enthält alle Fragen; die lfd. Nr. sowie ggf. Ordnungsmerkmale sind bereits in der Datei eingetragen und nicht änderbar. Die eingegebenen Daten werden per E-Mail an die ausgebende Stelle zur Aufnahme in die Datendatei gesendet. Maildateien dürfen nicht umbenannt werden.

Eine **Vorlagendatei** ist eine Excel-Vorlage, die die rechnergestützte Datenerfassung in der Beobachtungsversion ermöglicht.

Die Fragen des BASA-Verfahrens sind in **Teile** geordnet. In jedem Teil kann es n **Hauptfragen** geben, die wiederum m **Fragen** enthalten. Im weiteren Text und in den Formularen wird der Begriffe Hauptfrage nur dann verwendet, wenn es zum Verständnis unumgänglich notwendig ist. Normalerweise wird der Begriff Frage sowohl für 'Hauptfragen' als auch für 'Fragen' verwendet.

Ausblenden einer Frage bedeutet, sie nicht zu zeigen. Dies ist nur mit als ausblendbar gekennzeichneten Fragen möglich. Das Ausblenden ändert nichts an der Bezeichnung oder Reihenfolge der Fragen und kann lediglich verhindern, dass unnötige Fragen gestellt werden und beantwortet werden müssen. Ausgeblendete Fragen werden bei der Datenerfassung und -auswertung so behandelt, als hätte der Ausfüllende das Kästchen 'nicht vor-handen' angekreuzt.

Ein **Strukturmerkmal** (z.B. Werk, Abteilung, Gruppe) ist ein zusätzlich zur lfd. Nr. bzw. Arbeitsplatz auf dem Fragebogen angegebenes Merkmal, das die Zugehörigkeit zu einer Gruppe beschreibt. Dieses Merkmal kann bei der Aus-wertung als zusätzliches Auswahlkriterium genutzt werden. Es sind maximal vier Strukturmerkmale möglich, die Anzahl der Items eines Merkmals ist unbegrenzt. Der Begriff 'Tätigkeit' ist als Strukturmerkmal nicht zulässig.

Zusätzlich zu Strukturmerkmalen können **Tätigkeiten** definiert werden. Dies ermöglicht, innerhalb einer Analyse unterschiedliche Fragebögen mit unterschiedlichem Ausblendstatus für unterschiedliche Mitarbeitergruppen (Sekretariat, Leitung, Werkstatt) zu definieren. Bei Definition von Tätigkeiten sind nur drei Strukturmerkmale zulässig, die Anzahl der Tätigkeiten ist unbegrenzt

Personencodierung bezeichnet ein nach einer vorgegebenen Bildungsregel vom Befragten konstruiertes, personenbezogenes Merkmal. Die Personencodierung erlaubt es beispielsweise, zu verschiedenen Zeitpunkten durch die gleiche Person ausgefüllte Fragebögen anonym einander zuordnen zu können. Auch wenn Untersuchungen mit unterschiedlichen Instrumenten durchgeführt werden, kann die Personencodierung z. B. die Zuordnung ungewöhnlicher Ergebnisse zur gleichen Person ermöglichen. Personencodierung ist nur bei der Fragebogenversion vorgesehen.

Vorhandene Dateien

Alle notwendigen Dateien erhalten Sie im Rahmen der Verfahrensschulung bzw. über **www.basanetzwerk.de**. Sie dürfen nicht umbenannt oder verändert werden. Sie müssen im gleichen Verzeichnis wie die Makrodatei BASAIII.xlsm gespeichert sein. Ihre Existenz wird beim Start von BASAIII.xlsm überprüft. Diese Dateien sind:

- Die Makrodatei **BASAIII.xlsm** ist gegen Ansicht des Codes geschützt, um versehentliche Änderungen zu verhindern. Sie kann in ein beliebiges Verzeichnis auf einem eingebundenen Laufwerk (Laufwerk mit Laufwerksbuchstaben) kopiert werden.
- Die Datei **BASAIII_Merkmale.xltx**. Sie enthält die Fragen und Bewertungen des BASA-Verfahrens und ist passwortgeschützt.
- Die Dateien **BASAIII_Fragebogen.xltx**, **BASAIIIAus.xltx**, **BASAIII_Online.xltm**, **BASAIII_User.xltm** und **BASAIII_Sonder.xltx** sind Vorlagen für den Fragebogen, die Auswertungsdatei und die Mail- bzw. Vorlagendateien sowie die Ausgabe der Rücklaufdaten bzw. Bemerkungen. Sie sind teilweise passwortgeschützt.

Anpassungen an Corporate Design

Die Vorlagen sind normale Exceltabellen und können grundsätzlich an das Corporate Design angepasst werden. Da die Makros jedoch einen bestimmten Blattaufbau voraussetzen, ist das Entfernen oder Einfügen von Zeilen, Spalten, Zellen und Namen nicht zulässig. Das Ändern vorhandener Zellinhalte ist nur unter bestimmten Bedingungen möglich, deren Aufzählung den Rahmen dieser Beschreibung übersteigen würde. Von einer Veränderung der Dateien wird hiermit grundsätzlich abgeraten. Ist eine Veränderung zwingend notwendig, sollte auf jeden Fall eine Sicherheitskopie der Originaldatei angelegt werden.

Zum Generieren von Papierfragebögen vorgesehene Fragebogendateien können beliebig (außer Änderung von Inhalten) angepasst werden. Ebenso sind die erstellten Ergebnisdateien (Auswertungen) unbeschränkt bearbeitbar. Im Blatt 'Auswertung' kann das Einfügen/Löschen von Zeilen und Spalten zu einer Fehlfunktion der Makros 'Details einblenden/ausblenden' führen und sollte deshalb unterbleiben.

2 Start der BASA-Software

Mit dem Öffnen der Datei **BASAIII.xlsm** (dies ist neben den erzeugten Ergebnisdateien die einzige Datei, die manuell geöffnet werden muss) wird das Hauptformular geöffnet. Über dieses Dialogfeld werden alle Schritte zur rechnergestützten Vorbereitung von BASA-Befragungen und Beobachtungen bzw. der
Verarbeitung der BASA-Daten realisiert. Es ist immer wieder erforderlich, auf
das Hauptformular zurückzugehen, hier werden die AnwenderInnen durch die
Programmabläufe entsprechend geleitet.

Der erste Schritt für die Durchführung einer BASA-Analyse mit Hilfe von BA-
SAIII ist die **VORBEREITUNG DER ANALYSE** (siehe 3). Hier werden in einem
Schritt-für Schritt-Verfahren die Randbedingungen und notwendigen Daten
für die Analyse erfasst. Dieses Vorbereitungsverfahren kann zwischenzeitlich
unterbrochen, der aktuelle Stand gespeichert und später wieder aufgenommen werden. Jede Speicherung einer Vorbereitungsdatei trägt ihren Namen an
oberster Stelle in dem Listenfenster ein. Ergebnis des Verfahrens ist eine Analysedatei (siehe 1.3), die bei ihrer Erzeugung in das rechte Listenfeld an oberster Position eingefügt wird.

Eine solche Analysedatei kann entweder durch Klick auf **ANDERE ANALYSEDATEI
ÖFFNEN** oder durch einen Doppelklick im rechten Listenfeld geöffnet werden.
Ihr Name und Pfad wird in das rechte Listenfeld an oberster Position eingefügt
oder an diese Position verschoben. Ein Rechtsklick auf einen Eintrag im Listen-
feld entfernt diesen aus der Liste, löscht jedoch nicht die entsprechende Datei.
Der Listeninhalt wird beim Beenden des Hauptformulars gespeichert.

Ist eine Analysedatei geöffnet (dabei werden die Daten nach Strukturmerkmalen und lfd. Nr. sortiert), werden je nach Dateninhalt die Schaltflächen bei **ANA-
LYSEDATEN BEARBEITEN** und **AUSWERTUNG DER ANALYSE** aktiv. Damit können
Daten eingegeben werden (siehe 4) und/oder die vorhandenen Daten ausgewertet werden (siehe 5).

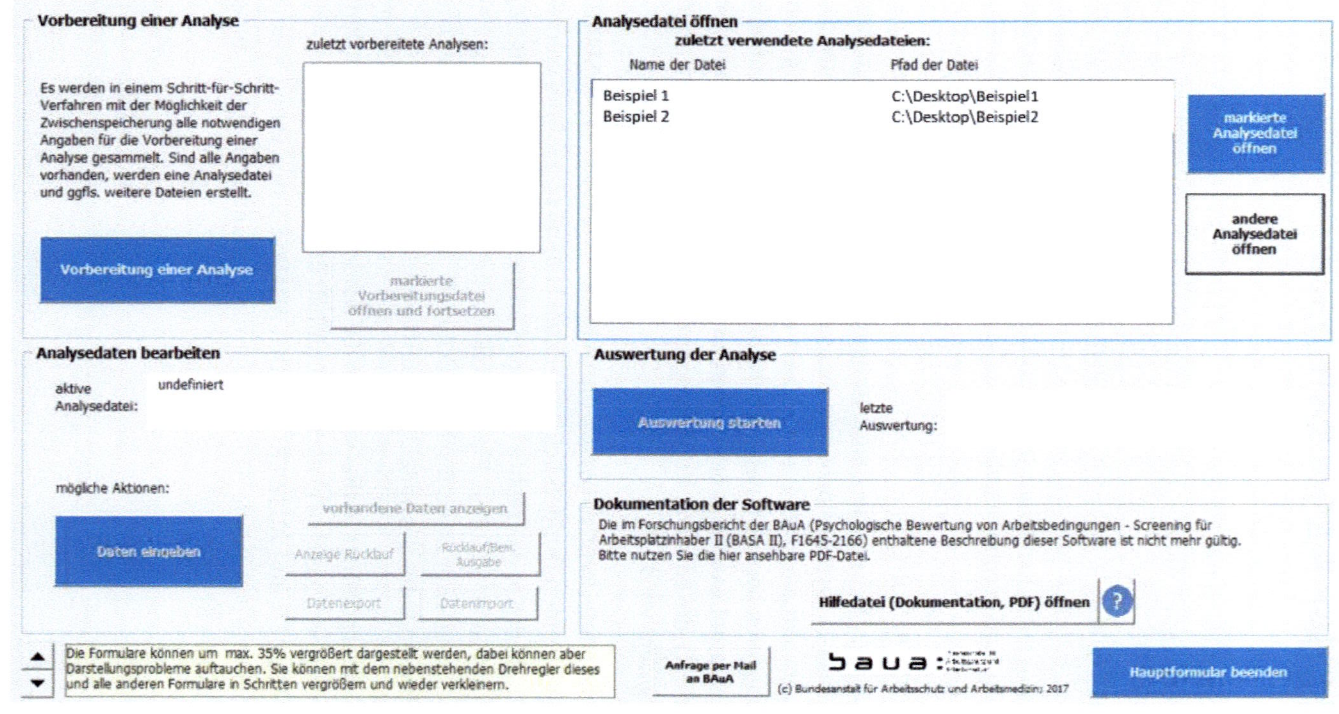

BASA Hauptformular; Version III.1 vom 01.08.2018
X
Vorbereitung einer Analyse
zuletzt vorbereitete Analysen:
Es werden in einem Schritt-für-Schritt-Verfahren mit der Möglichkeit der Zwischenspeicherung alle notwendigen Angaben für die Vorbereitung einer Analyse gesammelt. Sind alle Angaben vorhanden, werden eine Analysedatei und ggfls. weitere Dateien erstellt.
Vorbereitung einer Analyse
markierte Vorbereitungsdatei öffnen und fortsetzen
Analysedatei öffnen
zuletzt verwendete Analysedateien:
Name der Datei
Pfad der Datei
Beispiel 1
C:\Desktop\Beispiel1
Beispiel 2
C:\Desktop\Beispiel2
markierte Analysedatei öffnen
andere Analysedatei öffnen
Analysedaten bearbeiten
aktive Analysedatei:
undefiniert
mögliche Aktionen:
vorhandene Daten anzeigen
Anzeige Rücklauf
Rücklauf/Bem. Ausgabe
Daten eingeben
Datenexport
Datenimport
Auswertung der Analyse
Auswertung starten
letzte Auswertung:
Dokumentation der Software
Die im Forschungsbericht der BAuA (Psychologische Bewertung von Arbeitsbedingungen - Screening für Arbeitsplatzinhaber II (BASA II), F1645-2166) enthaltene Beschreibung dieser Software ist nicht mehr gültig. Bitte nutzen Sie die hier ansehbare PDF-Datei.
Hilfedatei (Dokumentation, PDF) öffnen
?
Die Formulare können um max. 35% vergrößert dargestellt werden, dabei können aber Darstellungsprobleme auftauchen. Sie können mit dem nebenstehenden Drehregler dieses und alle anderen Formulare in Schritten vergrößern und wieder verkleinern.
Anfrage per Mail an BAuA
baua:
(c) Bundesanstalt für Arbeitsschutz und Arbeitsmedizin; 2017
Hauptformular beenden

Die weiteren Schaltflächen sind selbsterklärend:

- **ANZEIGE RÜCKLAUF**: gibt Informationen über die Anzahl der vorhandenen Datensätze aus, ggfls. sortiert nach Strukturmerkmalen.
- **RÜCKLAUF/BEM. AUSGABE**: gibt die Rücklaufdaten und, sofern vorhanden, die Bemerkungen in eine Excel-Datei aus. Sind in der Analysedatei Zielwerte (An-zahlen MA) angegeben, wird in der Spalte 'relativ' das Verhältnis Rück-lauf/Zielwert in Prozent ausgegeben.
- **HILFEDATEI ... ÖFFNEN**: Öffnet diese Datei. Ein installierter PDF-Reader wird vorausgesetzt.
- **ANFRAGE PER MAIL AN BAUA**: Öffnet ein einfaches Formular, in dem Sie Ihre Kontaktdaten und Ihre Fragen oder Bemerkungen eintragen können. Diese werden dann (ein kompatibles Mailprogramm vorausgesetzt) an das Infozentrum der BAuA (info-zentrum@baua.bund.de) gesendet.
- **BEENDEN**: schließt das Hauptformular und die Datei.

3 Vorbereitung einer Analyse

3.1 Durchführungsmöglichkeiten einer Analyse

BASA wird überwiegend für die schriftliche, anonyme Mitarbeiterbefragung eingesetzt (*Fragebogenaktion*). In einer **Papierversion** wird durch das Makro ein druckbarer Fragebogen erstellt, der durch die Befragten ausgefüllt wird. Es gibt keine Beschränkung hinsichtlich des Umfanges der Aktion, es können jederzeit neue Fragebögen ausgegeben werden. Die Anonymität kann relativ problemlos, beispielsweise durch die Organisation des Fragebogenrücklaufs in einer Urne sichergestellt werden. Die Daten der ausgefüllten Fragebögen werden ebenfalls makrogestützt durch manuelle Dateneingabe in die Datendatei übertragen, was insbesondere bei größeren Befragungen einen hohen Aufwand bedeutet. Kann für das Lesen der Formulare ein Scanprogramm genutzt werden (siehe 4.5), ist der Erfassungsaufwand geringer.

Bei der **Mailversion** wird durch das Makro eine vorher festzulegende Anzahl von Exceldateien erstellt. Diese Dateien enthalten sowohl die Fragen als auch Makros, die die Ausfüllung und Rücksendung der eingetragenen Daten ermöglichen. Sie müssen per E-Mail an die Befragten übermittelt werden. Die Befragten füllen am eigenen PC die Fragebögen makrogestützt aus und senden ihre Antworten in einer Ergebnisdatei an eine definierte Mailadresse zurück. Diese gesammelten Ergebnisdateien können dann direkt ohne manuelle Dateneingabe in die Datendatei übernommen werden (siehe 4.1).

Der Aufwand für die Datenerfassung ist vergleichsweise gering, jedoch stellt die Sicherstellung der Anonymität bei dieser Variante eine Herausforderung dar (siehe folgender Abschnitt 3.2). Die Anzahl der ausgegebenen Fragebögen muss vorher festgelegt werden, eine spätere Erweiterung der Befragung ist nur durch Papierfragebögen möglich, deren Daten manuell eingegeben werden müssen.

Bei der Mailversion sind zur Sicherung der Datenintegrität einige Dateien passwortgeschützt. Diese Passwörter werden automatisch generiert und werden vom Benutzer nicht benötigt. Sie verhindern lediglich die Manipulation der Daten und sichern die Zusammengehörigkeit von Rücklauf- und Analysedateien. Diese Passwörter dürfen nicht entfernt oder geändert werden, da sonst eine ordnungsgemäße Datenerfassung nicht mehr möglich ist. Ebenso ist das Umbenennen von Dateien nicht statthaft.

Die **Kabinettversion** entspricht im Wesentlichen der Mailversion, lediglich der in gesicherten Netzwerken u.U. problematische Versand von makrobehafteten Exceldateien sowie die Rücksendung der Antwortdateien per Mail entfällt. Die Maildateien können auf einem (oder mehreren) Rechnern im Unternehmen in Beratungs- oder ähnlichen Räumen den Befragten zum rechnergestützten Ausfüllen zur Verfügung gestellt werden. Die Rücklaufdateien (Antworten) werden auf dem gleichen Rechner gespeichert und stehen für die Datenerfassung zur Verfügung. Auch hier sind hin-sichtlich der Anonymität einige Aspekte zu beachten.

Eine **Beobachtungsaktion** kann ebenfalls als Papierversion durchgeführt werden, wobei die Daten wiederum manuell eingegeben werden müssen. Günstiger erscheint die **rechnergestützte Version**; hier wird eine Exceldatei mit integrierten Makros als Vorlage erstellt, aus der beliebig viele Beobachtungsdateien generiert werden können. Diese Dateien werden makrogestützt ausgefüllt, die Ergebnisse können unmittelbar in die Datendatei übertragen werden. Die Anzahl der zu untersuchenden Arbeitsplätze ist nicht beschränkt. Die Vergabe einer Personencodierung ist für die Beobachtungsaktion nicht vorgesehen.

3.2   Welches Verfahren ist günstiger?

Die Papierversion ist einfach zu organisieren und bei nicht zu hohen Mitarbeiterzahlen praktikabel. Für große Anzahlen ist zu prüfen, ob der Einsatz eines Scanprogramms (siehe 3.4 sowie 4.5) sinnvoll ist, um den Datenerfassungsaufwand sowie das Fehlerrisiko, das bei manueller Dateneingabe immer gegeben ist, zu minimieren. Die Anonymität ist verhältnismäßig leicht sicher zu stellen, etwa indem alle ausgefüllten Fragebögen in einer Urne gesammelt werden. Da die ausgefüllten Bögen lediglich Kreuze enthalten, ist ein Rückschluss auf einzelne Personen bei ausreichend großen Gruppen nicht möglich. Entsprechende Vereinbarungen, auch zum Umgang mit den Originalfragebögen sowie den Rohdaten in der Datendatei, können beispielsweise im Arbeitsschutzausschuss unter Einbezug der Beschäftigtenvertretung sowie des Datenschutzbeauftragten getroffen werden. Mitunter empfiehlt es sich, für die Datenauswertung eine externe Stelle zu beauftragen. Diese schließen entsprechende Datenschutzvereinbarungen mit dem Unternehmen ab und melden nur gruppenbezogene Ergebnisse ab einer vorher festgelegten Gruppengröße zurück; im Unternehmen selbst hat niemand Zugriff auf die Rohdaten.

Bei der Mailversion ist der Datenerfassungsaufwand vergleichsweise gering, Fehler in der Datenerfassung sind nicht möglich. Durch Anlegen einer Kopie der leeren Analysedatei sowie die einfache Sicherung der Rücklaufdateien kann der Datenbestand auch bei Verlust oder Beschädigung der aktuellen Analysedatei jederzeit wiederhergestellt werden. Vorteil der Mailversion ist, dass jederzeit Daten auch per Hand aus Papierfragebögen erfasst werden können, falls z. B. nicht alle Befragten über eine Mailverbindung verfügen. Verhindert das Firmennetzwerk aus Sicherheitsgründen das Öffnen oder den Versand von Exceldateien mit Makros, kann die Mailversion allerdings nicht eingesetzt werden.

Eine Herausforderung stellt die Sicherstellung der Anonymität dar. Durch das Zusammenführen von Mailadresse und ausgefülltem Fragebogen entstehen personenbezogene Daten, zu deren Erhebung und Verarbeitung es gesetzliche Regelungen gibt (z.B. Bundesdatenschutzgesetz, Datenschutzgrundverordnung). Neben diesen Anforderungen ist die transparente Sicherstellung der Anonymität ein wesentlicher Faktor für einen hohen Rücklauf. Es empfiehlt sich daher, eine externe, entsprechend autorisierte Stelle mit der Trennung von Befragungs- und Adressdaten zu beauftragen. Eine weitere Stelle (im Unternehmen oder extern) kann dann auf Grundlage der mit Daten versehenen Analysedatei die gruppenbezogene Auswertung vornehmen.

Die Kabinettversion verfügt über die gleichen Vorteile wie die Mailversion, umgeht aber die Nutzung des Rechnernetzes zum Mailversand. Sie ist insbesondere bei der Befragung durch externe Beratungsbüros zu empfehlen. Als positiver Nebeneffekt ist zu erwähnen, dass stets ein kompetenter Ansprechpartner bei Fragen zu Inhalt oder Bedienung der rechnergestützten Befragung zur Verfügung steht. Bei der Zusammenstellung der Befragungsgruppen ist darauf zu achten, dass die Identität einer einzelnen Person nicht durch die Kombination von Merkmalen (z.B. Tätigkeit & Speicherzeitpunkt der Datei) erschließbar ist. Kann das gewährleistet werden, ist die Anonymität durch die zufällige Auswahl der Dateien durch den Befragten gesichert.

Bei Beobachtungsaktionen ist der Aufwand für die Datenerfassung aufgrund der im Allgemeinen geringen Datensatzzahl gering. Bei der rechnergestützten Version entfällt auch dieser geringe Aufwand. Dieses Vorgehen setzt aber das Vorhandensein einer für die Umgebung der Beobachtungsaktion geeigneten technischen Ausrüstung voraus.

3.3 Personencodierung

Für alle Verfahren einer Fragebogenaktion besteht die Möglichkeit, die Fragebögen mit einer **Personencodierung** auszustatten. Diese Personencodierung wird vom Befragten selbst nach einer auf dem Fragebogen vorgegebenen Bildungsregel erstellt. Sie soll nicht der Identifizierung einer konkreten Person dienen, sondern die Möglichkeit bieten, Untersuchungsergebnisse unterschiedlicher Verfahren oder verschiedener Erhebungszeitpunkte eindeutig einer, nicht aber einer bestimmten Person zuordnen zu können. Bei einer späteren Befragung, z. B. nach mehreren Monaten, können die Daten verglichen werden, um beispielsweise Interventionen zu evaluieren. Für die Mailversion einer Fragebogenaktion wird die Personencodierung gleichzeitig als Passwortschutz der beim Befragten gespeicherten Datei verwendet.

Die Bildungsregel ist als freier Text einzugeben (siehe 3.4), sollte aber so gewählt werden, dass ausschließlich der Befragte eine korrekte Codierung vergeben kann und daraus kein Rückschluss auf seine Person gezogen werden kann. Innerhalb der Makros erfolgt keine Kontrolle, ob die Bildungsregel formal eingehalten wird. Es wird lediglich die Eingabe mindestens eines Zeichens verlangt.

3.4 Schritt-für-Schritt-Vorbereitung einer Analyse

Mit Klick auf **VORBEREITUNG EINER ANALYSE** im Hauptformular erscheint ein
Formular mit mehreren Registern:

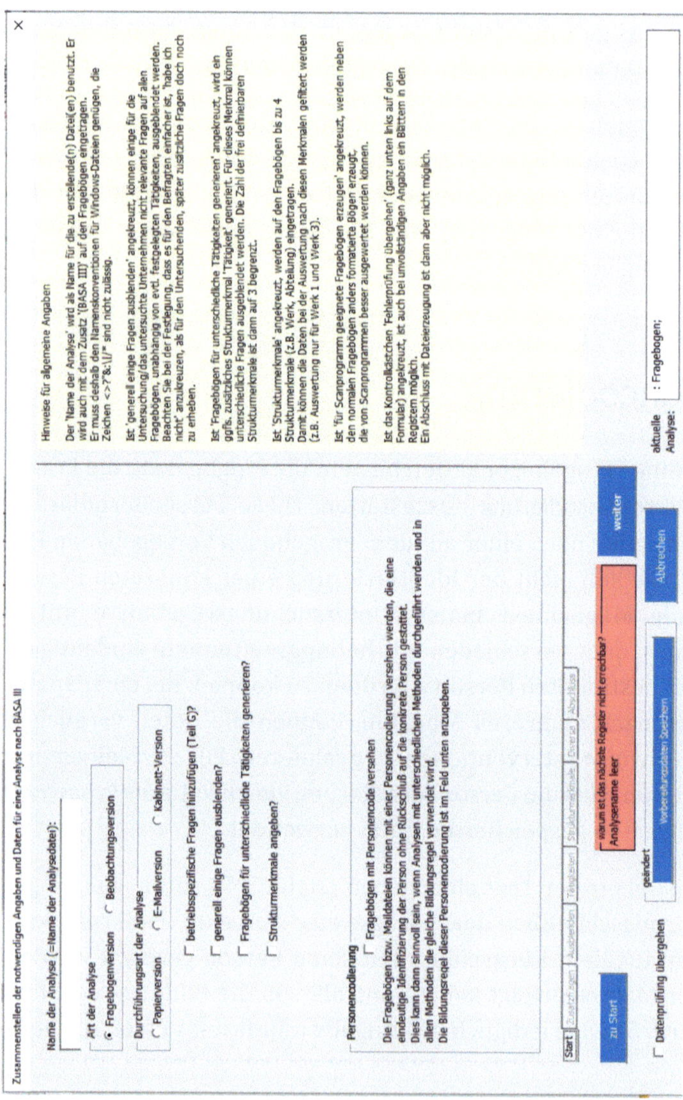

Das Navigieren innerhalb der Register kann entweder durch Anklicken des Register-namens unten oder durch die Schaltflächen **WEITER, ZURÜCK** oder **ZU START** erfolgen. Es werden nur die Register aktiviert, die für die aktuelle Analyse von Bedeutung sind. Vorwärts kann immer nur das nächste aktive Register nach dem aktuellen erreicht werden, da die Register teilweise auf den Daten vorheriger Register aufbauen. Rückwärts kann jedes aktive Register gewählt werden.

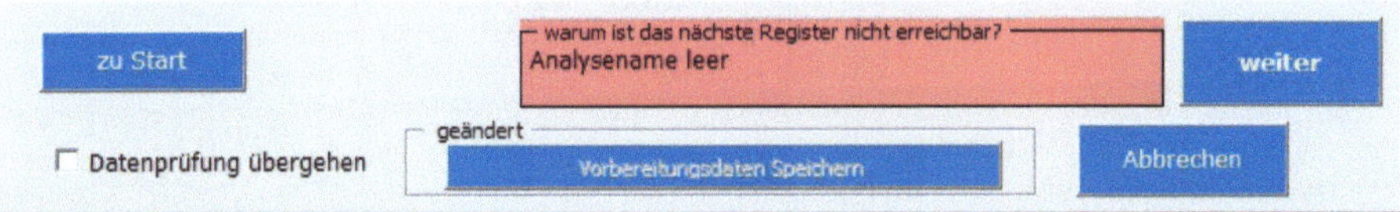

Das nachfolgende aktive Register ist nur erreichbar, wenn alle notwendigen Daten auf dem aktuellen Register korrekt ausgefüllt sind. Fehlende oder fehlerhafte Eingaben werden in einem rot gefärbten Feld unten im Klartext angezeigt. Diese Fehlerprüfung kann durch Aktivieren des Kontrollkästchens **DATENPRÜFUNG ÜBERGEHEN** (links unten) übergangen werden (z.B. um sich eine Übersicht über noch zu beschaffende Daten zu verschaffen). Die abschließende Erzeugung einer Analysedatei ist mit aktiviertem Kontrollkästchen auch bei korrekten Daten nicht möglich.

Auf der rechten Seite des Formulars werden (nicht bei allen Registern) Hinweise oder zusammengefasste Ergebnisse zum aktuellen Register angegeben. Rechts unten wird in Kurzform der Name und die Grundparameter der Analyse angezeigt.

Durch Klick auf **VORBEREITUNGSDATEN SPEICHERN** wird im gleichen Verzeichnis wie BASAIII.xlsm eine Textdatei mit der Endung .basa erzeugt. Diese enthält alle momentan im Zuge der Vorbereitung gemachten Eingaben. Der Name der Datei ist mit dem auf dem ersten Register anzugebenden Namen der Analyse identisch. Deshalb sind einige Zeichen (< >?...) in diesem Namen nicht zulässig, dies wird durch das Makro überprüft. Eine manuelle Änderung dieser

Dateien wird nicht empfohlen. Diese gespeicherten Daten können vom Haupt-formular aus durch Doppelklick auf den entsprechenden Dateinamen wieder gelesen werden; damit kann die Vorbereitung jederzeit unterbrochen und zu einem späteren Zeitpunkt wieder fortgesetzt werden. Der zuletzt gespeicherte Name wird stets an die erste Stelle gesetzt.

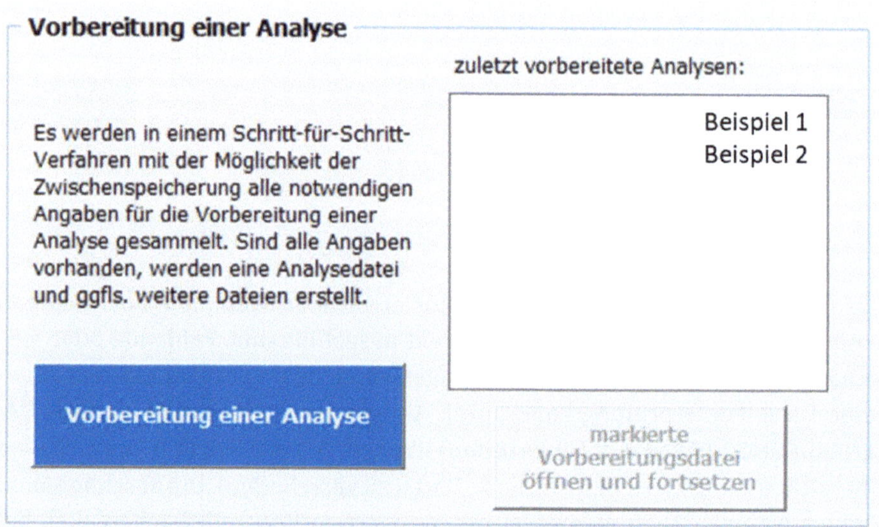

Ein Listeneintrag kann durch einen Rechtsklick auf den Namen aus der Liste entfernt werden. Die entsprechende Datei *.basa wird nicht gelöscht, sondern in *.old umbenannt.

Diese Liste wird beim Start der Makrodatei aus den vorhandenen Dateien au-tomatisch generiert und nach Speicherdatum sortiert. Wird bei einer neuen Analyse versehentlich der Name einer bereits bestehenden Datei verwendet, wird darauf hingewiesen. Wird dennoch gespeichert, wird die alte Datei ohne Nachfrage überschrieben.

Register Start: Grundlegende Angaben

Neben dem Namen der Analyse sind hier die Art (Frage- oder Beobachtungs-version) und die Durchführungsart (Papier, Mail, Kabinett bzw. Papier, rechnergestützt, siehe 3.1) sowie die Verwendung eines Personencodes (siehe 3.3) anzugeben bzw. auszuwählen.

Neben diesen notwendigen Angaben kann zusätzlich ausgewählt (angekreuzt) werden:

- betriebsspezifische Fragen hinzufügen? (3.4.3)
- generell einige Fragen ausblenden? (3.4.4)
- Fragebögen für unterschiedliche Tätigkeiten generieren? (3.4.5)
- Strukturmerkmale angeben? (3.4.6)
- für Scanprogramm geeignete Fragebögen erzeugen? (4.8) (nur für Papierversion)

Die hier ausgewählten Optionen steuern die Wählbarkeit der zugehörigen Register, so dass nicht immer alle Register erreichbar sind. Einige Optionen schließen sich aus (kein Personencode bei Beobachtung, keine Tätigkeiten bei Mail- oder Kabinettversion).

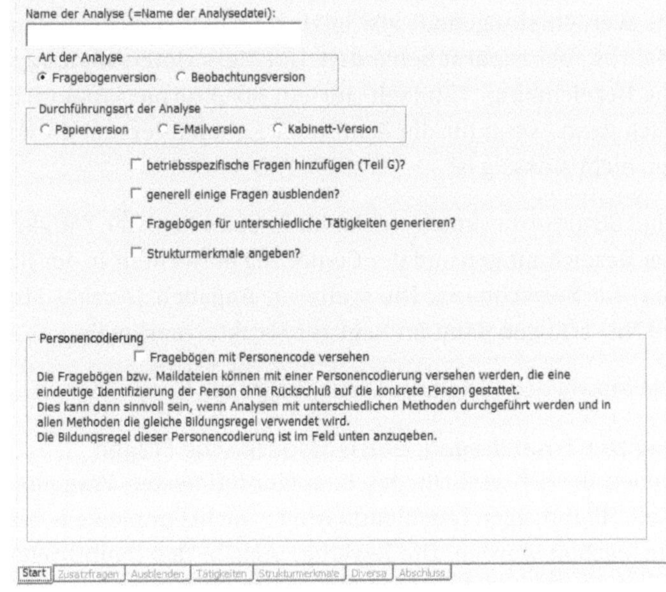

Ist die Checkbox **FRAGEBÖGEN MIT PERSONENCODE VERSEHEN?** angekreuzt, erscheint das Eingabefeld für die entsprechende Frage mit einem änderbaren Text für die Bildungsregel:

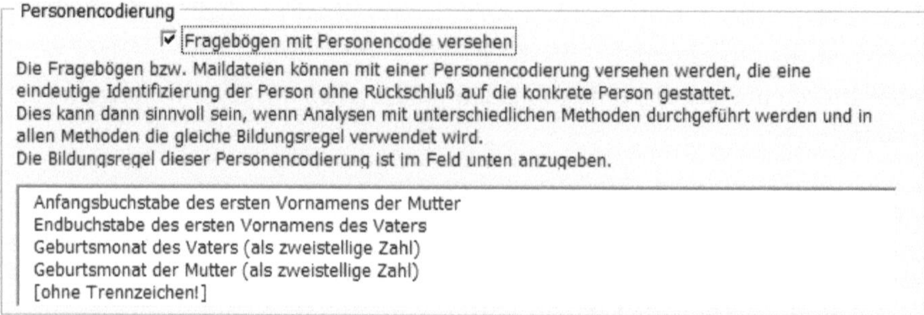

Zusammenhang Tätigkeiten – Strukturmerkmale

Die definierten Tätigkeiten sind für alle Strukturmerkmale übergreifend gültig. Sie werden sinngemäß als 'letztes' Strukturmerkmal genutzt, innerhalb des Makros aber separat behandelt. Um diese Unterscheidung zu ermöglichen, ist die Bezeichnung 'Tätigkeit' für ein Strukturmerkmal nicht zulässig. Dies gilt auch dann, wenn für die Mail- oder Kabinettversion die Angabe von Tätigkeiten nicht zulässig ist.

Sind Strukturmerkmale vorhanden, ist im Register Tätigkeiten nur die Angabe der Bezeichnungen und der Codierung notwendig, in der Beobachtungsversion nur die Bezeichnung. Die weiteren Angaben (Anzahl Mitarbeiter, Startwert lfd.Nr.) erfolgen dann im Register Strukturmerkmale.

Die Anzahl der Tätigkeiten ist unbegrenzt.

Register Zusatzfragen: Betriebsspezifische Fragen

Neben der Überschrift des benutzerdefinierten Fragenteils können beliebig viele Hauptfragen (ausblendbar oder nicht) mit jeweils beliebig vielen Fragen eingegeben werden. Die jeweilige Anzahl der Hauptfragen bzw. Fragen wird durch die Drehfelder (Pfeilfelder) oder Direkteingabe festgelegt. Die Position der jeweils markierten Hauptfrage/Frage kann mit den rechten Drehreglern verändert werden.

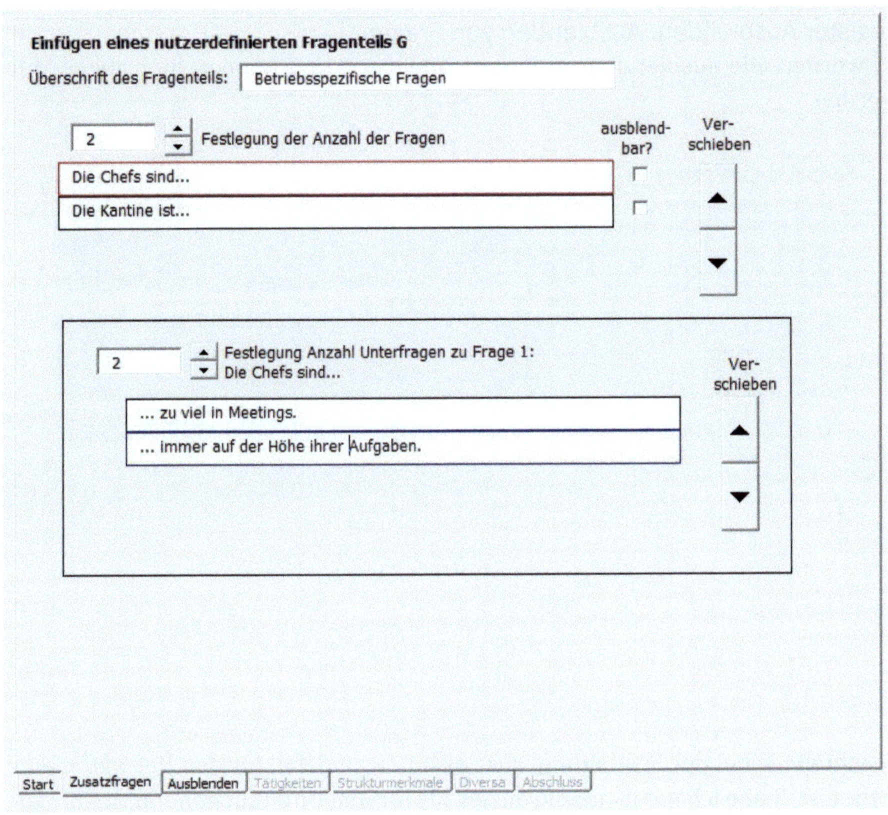

Das Ergebnis der Eingaben im Fragebogen wird auf der rechten Seite ange-zeigt.

Register Ausblenden: Ausblenden von Fragen

Es werden alle ausblendbaren Fragen angezeigt und können hier abgewählt
werden.

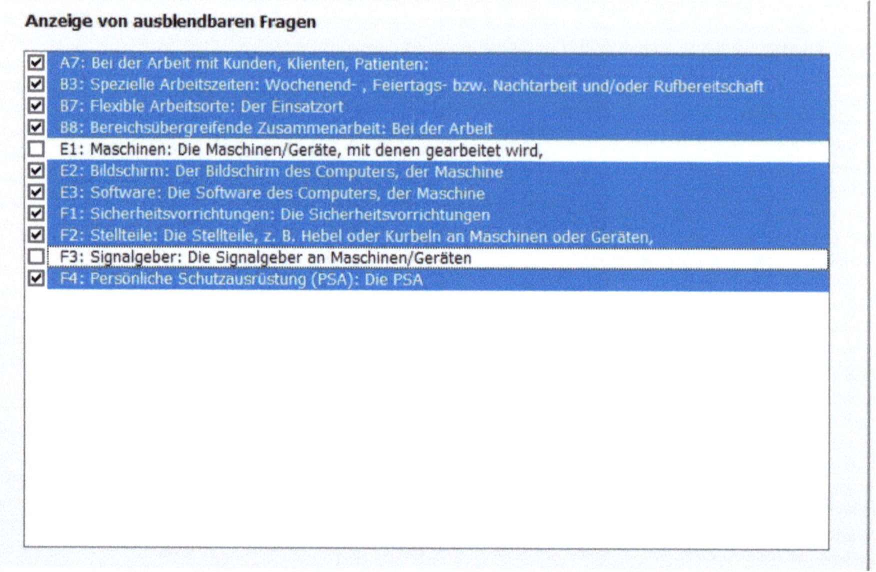

Beachten Sie bei der Festlegung, dass es im Zweifelsfall für den Befragten ein-
facher ist, 'habe ich nicht' anzukreuzen, als für den Untersuchenden, später zusätzliche Fragen doch noch zu erheben.

Register Tätigkeiten: Festlegung von Tätigkeiten und deren Ausblendstatus

Die gewünschte Anzahl der Tätigkeiten wird durch die Drehfelder (Pfeiltasten)
oder Direkteingabe festgelegt. Automatisch ist eine nicht änderbare Tätigkeit
'Allgemein' definiert, die keine Fragen zusätzlich ausblendet. Der Ausblendstatus der Fragen muss sich für unterschiedliche Tätigkeiten nicht unterscheiden.
Dies kann z.B. bei zu scannenden Fragebögen genutzt werden (siehe 4.5).

Für die Beobachtungsversion ist keine Codierung zu vergeben, in der Fragebo-
gen-version muss für jede Tätigkeit eine numerische Codierung vergeben werden. Dies kann durch Ankreuzen von **CODIERUNG AUTOMATISCH FESTLEGEN** automatisiert erfolgen. Für Startwert lfd. Nr. gilt dies analog.

Definition der Tätigkeiten und ihrer Merkmale

Festlegung der Anzahl der Tätigkeiten: 2

Codierung autom. festlegen

Allgemein

Codierung
1
2

Anzeige ausblendbarer Fragen für Tätigkeit

- A7: Bei der Arbeit mit Kunden, Klienten, Patienten:
- B3: Spezielle Arbeitszeiten: Wochenend- , Feiertags- bzw. Nachtarbeit und/oder Rufbereitschaft
- B7: Flexible Arbeitsorte: Der Einsatzort
- B8: Bereichsübergreifende Zusammenarbeit: Bei der Arbeit
- E2: Bildschirm: Der Bildschirm des Computers, der Maschine
- E3: Software: Die Software des Computers, der Maschine
- F1: Sicherheitsvorrichtungen: Die Sicherheitsvorrichtungen
- F2: Stellteile: Die Stellteile, z. B. Hebel oder Kurbeln an Maschinen oder Geräten,
- F4: Persönliche Schutzausrüstung (PSA): Die PSA

Hinweis: Der Ausblendstatus der Tätigkeiten 1:2 ist/sind identisch

| Start | Zusatzfragen | Ausblenden | Tätigkeiten | Strukturmerkmale | Diversa | Abschluss |

Eine von Null verschiedene Eingabe der Anzahl MA (Mitarbeiter) ist nur für die Mail- bzw. Kabinettversion zwingend erforderlich. Es wird aber empfohlen, auch in allen anderen Fällen realitätsnahe Werte einzugeben.

Die Eingaben für Anzahl MA und Startwert lfd. Nr. sind nur sichtbar, wenn keine Strukturmerkmale festgelegt werden sollen, das Feld Codierung ist nur für die Fragebogenversion sichtbar.

Es ist zulässig, für unterschiedliche Tätigkeiten den gleichen Ausblendstatus zu verwenden. Um Irrtümer zu vermeiden, wird auf eine solche Festlegung hingewiesen. Der Ausblendstatus der Tätigkeit 'Allgemein' kann nicht geändert werden.

Register Strukturmerkmale: Festlegung der Strukturmerkmale

Zunächst wird oben die gewünschte Anzahl der Strukturmerkmale (maximal 4, falls Tätigkeiten festgelegt sind, maximal 3) durch die Drehfelder oder Direkteingabe und die Bezeichnungen der Strukturmerkmale festgelegt.

2 Festlegung Anzahl Standort	Anzahl MA	Codierung
Görlitz	0	1
Zittau	19	2

2 Festlegung Anzahl Team zu Standort Zittau	Anzahl MA	Codierung
Fakultät 1	0	1
Fakultät 2	19	2

Tätigkeiten zu Standort Zittau; Team Fakultät 2	Anzahl MA	Codierung	Startwert lfd.Nr.
Allgemein	12	1	1
Außendienst	7	2	1

Danach können die Anzahlen und Bezeichnungen der Items der Strukturmerkmale eingegeben werden. Die Eingaben für die 2. bis 4. Ebene sind durch Auswahl der entsprechenden übergeordneten Ebene möglich. Das Ergebnis der Eingaben wird rechts im Formular angegeben.

Unter dem rechten Anzeigefeld existiert eine Schaltfläche **DIE AKTUELLEN STRUKTUR-DATEN IN EINE EXCEL-DATEI EXPORTIEREN**. Diese erzeugt eine Exceldatei, die den gegenwärtigen Eingabestand der Struktur darstellt, die nicht gespeichert wird und nach Schließen des Hauptformulars erreichbar ist.

Für die Beobachtungsversion ist keine Codierung zu vergeben, in der Fragebogenversion muss für jede Tätigkeit eine numerische Codierung vergeben werden. Dies kann durch Ankreuzen von **CODIERUNG AUTOMATISCH FESTLEGEN** automatisiert erfolgen. Für Startwert lfd. Nr. gilt dies analog. Der Startwert lfd. Nr. ist nur für die letzte Ebene einzugeben.

Eine von Null verschiedene Eingabe der Anzahl MA (Mitarbeiter) ist nur für die Mail- bzw. Kabinettversion zwingend erforderlich. Es wird aber empfohlen, auch in allen anderen Fällen realitätsnahe Werte einzugeben.

Sind im vorherigen Register Tätigkeiten festgelegt worden, werden diese als letzte Ebene angezeigt. Eine Änderung der Codierungen für diese ist hier nicht mehr möglich. In diesem Falle werden die Tätigkeiten im rechten Feld nicht angezeigt, wohl aber in der ggfls. erzeugten Exceldatei.

Der Name 'Tätigkeit' für ein Strukturmerkmal ist nicht zulässig.

Register Diversa: Mailadressen, Speicherverzeichnis, Anzahlen

Das Register Diversa enthält mehrere Eingabeelemente, die nicht immer alle angezeigt werden. Ihr Erscheinen hängt von den vorher getroffenen Festlegungen und Eingaben ab.

Für eine Mailversion werden oben im Register Eingaben gefordert für die Rücksende-Mailadresse sowie Angaben für einen Ansprechpartner. Die Eingabe für den Ansprechpartner wird auf den Fragebögen und auf den Mailformularen ausgegeben. Die Mailadresse muss zur Sicherheit zweimal manuell eingegeben werden. Die Identität beider Eingaben wird geprüft, nicht jedoch die Existenz der Mailadresse.

Handelt es sich um eine Mail- oder Kabinettversion bzw. eine rechnergestützte Beobachtungsversion, werden neben der Analysedatei weitere Dateien in einem gemeinsamen, durch das Makro erzeugten Verzeichnis erzeugt. Der Name dieses Verzeichnisses sowie sein übergeordnetes Verzeichnis (Stammverzeichnis) werden in der Mitte des Registers erfragt.

Als Vorschlag für den Verzeichnisnamen wird der Analysename eingetragen, das Stammverzeichnis kann geändert werden. Die Existenz des Stammverzeichnisses, die Nichtexistenz des zu erzeugenden Verzeichnisses sowie die Zulässigkeit des Namens werden überprüft.

Sind wegen nicht vorhandener Strukturmerkmale und/oder Tätigkeiten keine Angaben über Mitarbeiterzahlen und die Startwerte lfd.Nr. vorhanden, erscheint unten eine Eingabeaufforderung für diese Werte. Die Anzahl der Mitarbeiter wird auf sinnvolle Werte geprüft.

Register Abschluss: Zusammenfassung und Dateierstellung

Sind alle notwendigen Eingabedaten korrekt vorhanden, wird im Register Abschluss eine Zusammenfassung der Eingaben für die Analyse angegeben (die Struktur wird nur bis zur 2. Ebene aufgeführt). Durch Klick auf **DATEI(EN) ERZEUGEN** werden die Analysedatei sowie ggfls. weitere Dateien erzeugt. Wurde im Register Diversa ein Speicherverzeichnis gefordert, wird dieses Verzeichnis angelegt und alle Dateien dort gespeichert. Im anderen Fall (nur Analysedatei) kann der Speicherort manuell (Excel-Speichern unter - Dialog) festgelegt werden.

Während der Erzeugung der Dateien informiert eine Fortschrittsanzeige über den Status. Nach Abschluss wird die Vorbereitungsdatei gespeichert; der/die NutzerIn kann entscheiden, ob er zum Hauptformular zurückkehren will oder die soeben erzeugte Analysedatei ansehen und das Makro beenden will.

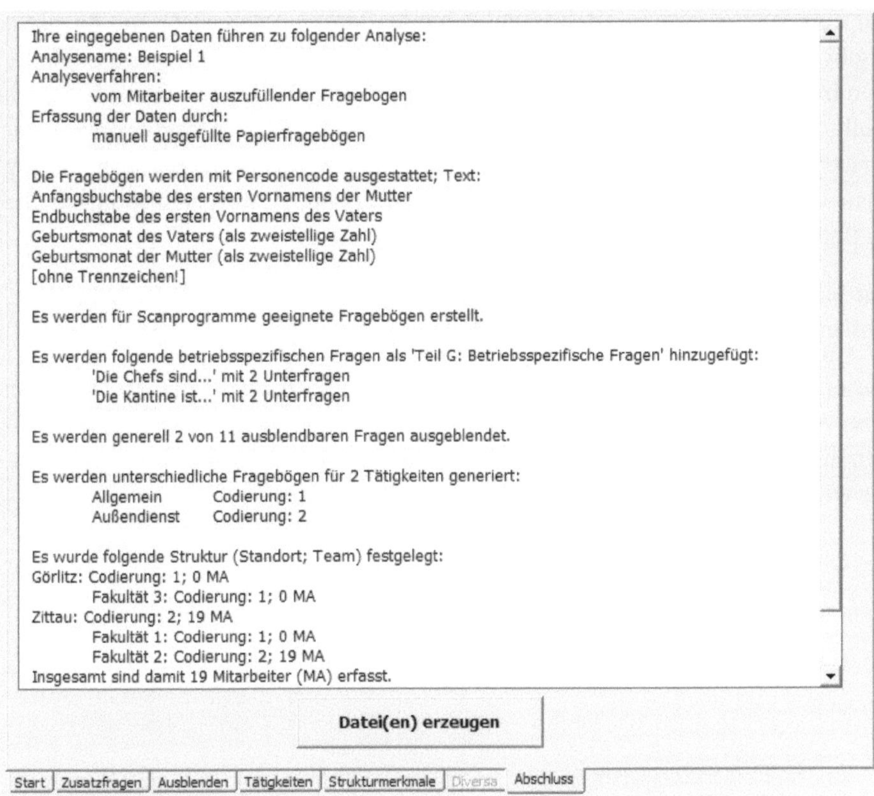

Erzeugte Dateien und ihr Inhalt

Für jede Version wird eine Analysedatei (Name = Analysename.xlsx) erstellt, die die Blätter Merkmale (ausgeblendet und geschützt) und Daten enthält. Sind Struktur-merkmale oder Tätigkeiten definiert, wird ein Blatt Struktur erzeugt, in dem diese und zusätzliche Angaben (Codierung, Anzahl MA etc.) aufgelistet sind. Sind keine Tätigkeiten definiert, wird nur ein Blatt Fragebogen erstellt (druckfähiger Fragebogen). Im anderen Falle wird für jede Tätigkeit ein eigenes Fragebogenblatt generiert.

Ist die Checkbox **FÜR SCANPROGRAMM GEEIGNETE FRAGEBÖGEN** erzeugen angekreuzt, wird für jeden Fragebogen eine Kopie (Blattname = Scan_ + Originalname) mit geänderter Formatierung erzeugt (siehe auch 4.5).

Für eine Mailversion werden zusätzlich n Maildateien generiert. Die Anzahl n ergibt sich aus den Eingaben in den Vorbereitungsdaten. Für jede geplante Kombination aus Strukturmerkmalen und lfd. Nr. wird eine eigene Datei erstellt, deren Name sich aus dem Analysenamen und den Codierungen der Strukturmerkmale bzw. lfd .Nr., getrennt durch Underline (_) und der Endung .xlsm ergibt. Diese Dateien sind unter Beachtung der Strukturmerkmale an die zu Befragenden zu senden.

Für eine Kabinettversion werden die gleichen Dateien wie bei einer Mailversion er-zeugt, nur der Versand per Mail entfällt.

Für eine rechnergestützte Beobachtungsversion wird neben der Analysedatei eine Vorlagendatei erzeugt (Name= _Vlg_ + Analysename + .xlsm). Durch Öffnen dieser Vorlage kann ein neuer Arbeitsplatz beobachtet werden, das Ergebnis wird in einer eigenen Datei gespeichert.

4 Eingabe und Anzeige von Daten

Nach Öffnen einer Analysedatei (entweder durch Klick auf **ANDERE ANALYSE-DATEI ÖFFNEN** oder durch einen Doppelklick im rechten Listenfeld des Hauptformulars) werden die Schaltflächen **DATEN EINGEBEN** und, wenn Daten vorhanden sind, **VORHANDENE DATEN ANZEIGEN** und **ANZEIGE RÜCKLAUF** (siehe Beschreibung Hauptformular in 2) aktiviert.

Nach Klick auf **DATEN EINGEBEN** erscheint das nachfolgende Formular, dessen Aus-sehen vom Vorhandensein von Strukturmerkmalen bzw. Tätigkeiten, von der Version und vom Beobachtungsmerkmal abhängt. Für die Auswahl der Strukturmerkmale bzw. Tätigkeiten werden die Codierung und der Klarname angezeigt, in der Beobachtungsversion nur der Klarname.

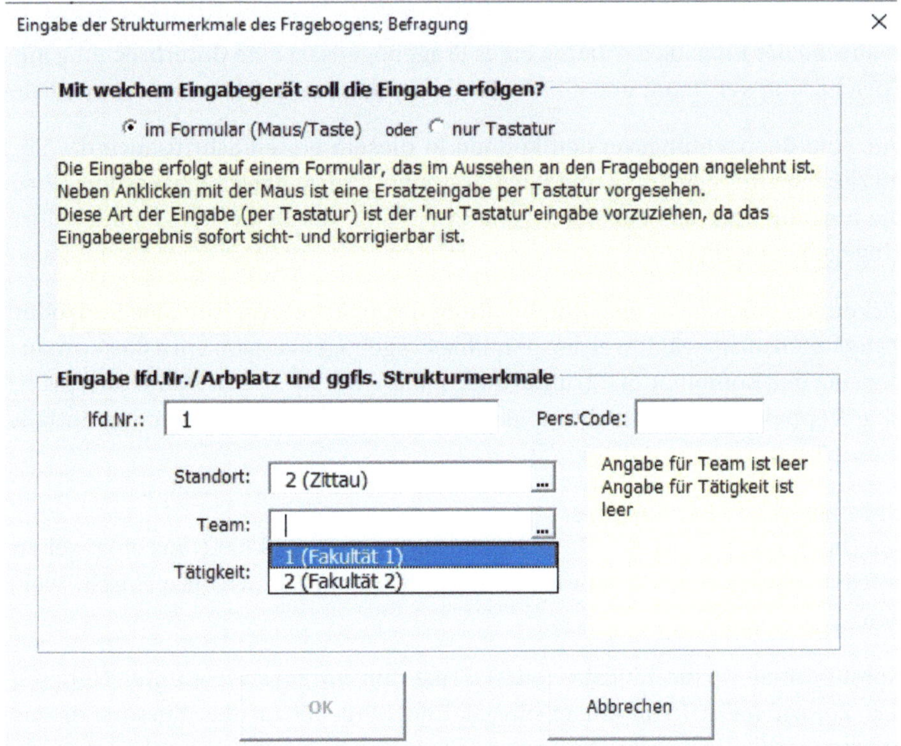

4.1 Methoden der Dateneingabe

Bevor die Eingabe der unten geforderten Werte (lfd.Nr. und ggfls. Struktur-merkmale) erfolgt, ist oben die Art der Eingabe festzulegen. Von einem Papier-fragebogen können die Daten nur per Hand (Maus oder Tastatur) eingegeben werden. Die Eingabe von gescannten Papierfragebögen ist unter 4.% (Daten-import) beschrieben. Bei der Mailversion ist nur die Eingabe 'aus Datei' sinn-voll. Bei der rechnergestützten Version des Beobachtungsverfahrens werden die Daten direkt in die Datendatei eingetragen.

Die Daten von Papierfragebögen können entweder in einem Formular mit Maus oder Tastatur oder aber konsequent über die Tastatur eingegeben wer-den. Wird die Tastatureingabe genutzt, ist die Eingabe über den numerischen Block mit eingeschalteter Num-Taste zu empfehlen. Die erste Methode unter Nutzung der Tastatur wird empfohlen.

Während der Eingabe der Daten eines Fragebogens ist eine Unterbrechung mit Speicherung der Daten und ein Wechsel des Eingabeverfahrens nicht möglich.

Für eine Beobachtungsversion können in diesem ersten Schritt auch die Be-merkungen für jede Frage und die Allg.-Bemerkung eingetragen werden. Wird die Eingabe über das Formular genutzt, können die Bemerkungen auch dort eingegeben werden.

Es können nur zugelassene Kombinationen von Strukturmerkmalen und/oder Tätigkeiten ausgewählt werden. Für eine Fragebogenversion wird das Vorhan-densein der Kombination Strukturmerkmale + lfd. Nr. in den Daten überprüft, eine Doppeleingabe ist nicht möglich. Für eine Beobachtungsversion entfällt dieser Test.

Dateneingabe über Formular

Die Daten können mit der Maus durch Klick auf die Radiobuttons eingegeben werden, eine falsche Eingabe kann durch Klick auf **DEL** wieder gelöscht wer-den.

Komfortabler ist die Eingabe mittels Tastatur, vorzugsweise unter Nutzung des Ziffernblocks (Num-Taste einschalten). Mit Setzen des Cursors in das oberste weiße Feld rechts beginnt der Tastatureingabemodus. Allein mit den

Tasten 1,2,3,9,0 und Return (Enter) können die Antworten bis zum letztendlichen Speichern des Datensatzes eingegeben werden. Nicht zulässige Eingaben werden ignoriert. Das Textfeld zeigt die jeweiligen Eingabemöglichkeiten an.

Wird, aus welchen Gründen auch immer, durch einen Mausklick der Tastatureingabemodus verlassen, kann er durch Rückkehr in eines der weißen Felder rechts wieder aufgenommen werden.

Für eine Beobachtungsversion kann rechts im Formular für die jeweils aktuelle Frage eine Bemerkung eingegeben werden, durch Klick auf **ALLE BEMERKUNGEN BEARBEITEN** können in einem eigenen Formular alle Bemerkungen einschließlich der 'allgemeinen' editiert werden.

Die Schaltfläche **SPEICHERN** wird erst nach Erreichen der letzten Frage aktiv. Wird gespeichert, wird der Datensatz in die Analysedatei eingetragen und diese gespeichert. Dies ist nicht rückgängig zu machen. Nach Speichern bzw. Abbrechen wird das Formular geschlossen, es erscheint wieder das Formular wie zu Beginn dieses Kapitels.

Dateneingabe über Tastatur

Nach der Eingabe der lfd. Nr. und der Strukturmerkmale wird für die weitere Eingabe folgendes Formular angezeigt:

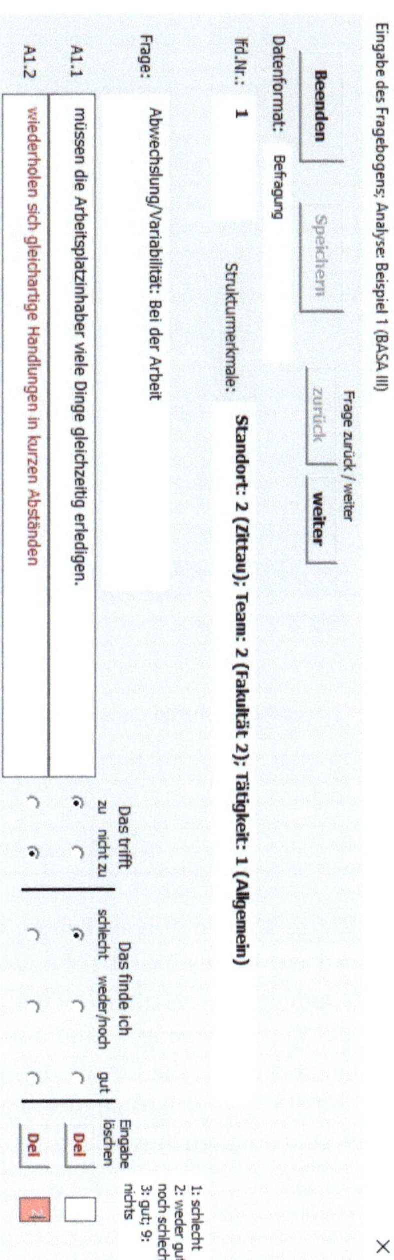

Eingabe Datensatz; Analyse: Beispiel 1 (BASA III); Befragung

lfd.Nr.:   **1**   Struktur-   **2 (Zittau)**
                                merkmale:
                                                 2 (Fakultät 2)

                                                 1 (Allgemein)

aktuelle Hauptfrage und Frage:

   A1:   Abwechslung/Variabilität: Bei der Arbeit

   A1.1   müssen die Arbeitsplatzinhaber viele Dinge gleichzeitig erledigen.

Die Werte können nun als Zahlen vorzugsweise über den numerischen Block (Num-Taste eingeschaltet!) ohne zusätzliches Drücken der Enter- bzw. Return-Taste eingegeben werden. Die einzugebenden Zahlencodes für die Eintragungen auf dem Fragebogen sind auf dem Formular angegeben. Es werden nur Zahlen akzeptiert, die für die momentan geforderte Eingabe (im blau hinterlegten Feld angegeben) zugelassen sind. Momentan aktuelle Hauptfrage und Frage sind auf dem Formular zur Orientierung angegeben.

Die Eingabe der Zahlencodes kann auf der normalen Tastatur oder auf dem
Zahlenblock rechts (NumLock ein!) erfolgen. Die Zahlencodes sind nacheinander
ohne Drücken der Return- oder Tabulatortaste einzugeben, die Weiterschaltung
zur nächsten Antwort/Unterfrage/Frage erfolgt automatisch.
Ungültige Tasten werden nicht akzeptiert und mit einem Beep quittiert.

Zahlencodes für Eintragung im Fragebogen:
  1: trifft zu
  2: trifft nicht zu
  9: nicht ausgefüllt

  1: schlecht
  2: weder gut noch schlecht
  3: gut
  9: nicht ausgefüllt

Kastenfrage 'habe ich nicht':
  0: angekreuzt
  9: nicht angekreuzt
    !!! Ist 'habe ich nicht' angekreuzt (Eingabe 0),   !!!
    !!! so sind für diese Frage keine weiteren Eingaben notwendig,   !!!
    !!! es erfolgt sofort der Wechsel zur nächsten Frage.   !!!
Nach Beantwortung aller Fragen wird durch Return der Datensatz gespeichert,
durch Escape (Esc) wird der Datensatz nicht gespeichert.

Nur zur Information: In der Datentabelle wird ein eingegebene '9' als '99' abgelegt.

Sind alle Fragen vollständig beantwortet, werden mit der Return- bzw. Enter-
Taste die Daten und die Analysedatei gespeichert, mit der Escape-Taste (Esc)
werden die Eingaben zum aktuellen Fragebogen vollständig verworfen.

Die Antworten auf die vorhergehende Frage werden optisch angezeigt. Bei einer Fehleingabe kann an den Anfang der Hauptfrage zurückgegangen werden.
Liegt der Fehler weiter zurück, so ist mit Abbrechen die Eingabe zu beenden
und anschließend neu zu beginnen.

Dateneingabe aus Datei

Diese Methode ist nur für Rücklaufdateien einer Befragungsaktion als Mail- oder Kabinettversion möglich. Nach **OK** im Auswahlformular erscheint ein normales Datei-Öffnen-Formular, in dem mit den Windows-üblichen Techniken (Umsch, Strg) ein oder mehrere Rücklaufdateien ausgewählt werden können. Das Makro überprüft anhand eines internen Passwortes, ob Analysedatei und ausgewählte Dateien zusammenpassen. Ebenso wird überprüft, ob die Kombination Strukturmerkmale/lfd.Nr. in der Analysedatei bereits existieren. Sind die Rücklaufdaten korrekt, werden die Daten in die Analysedatei übernommen.

4.2 Anzeige der vorhandenen Daten

Nach Klick auf **VORHANDENE DATEN ANZEIGEN** im Hauptformular (vgl. 2) werden die vorhandenen Daten in einem Formular analog zur Eingabe per Maus angezeigt und können geändert werden, wobei dies zur Vermeidung irrtümlicher Aktionen immer erst durch Anklicken der Checkbox **DATENÄNDERUNG ERLAUBEN** ermöglicht werden muss. Nach Änderungen kann mit **SPEICHERN** oder **ABBRECHEN** über die Speicherung oder das Verwerfen der durchgeführten Änderungen entschieden werden.

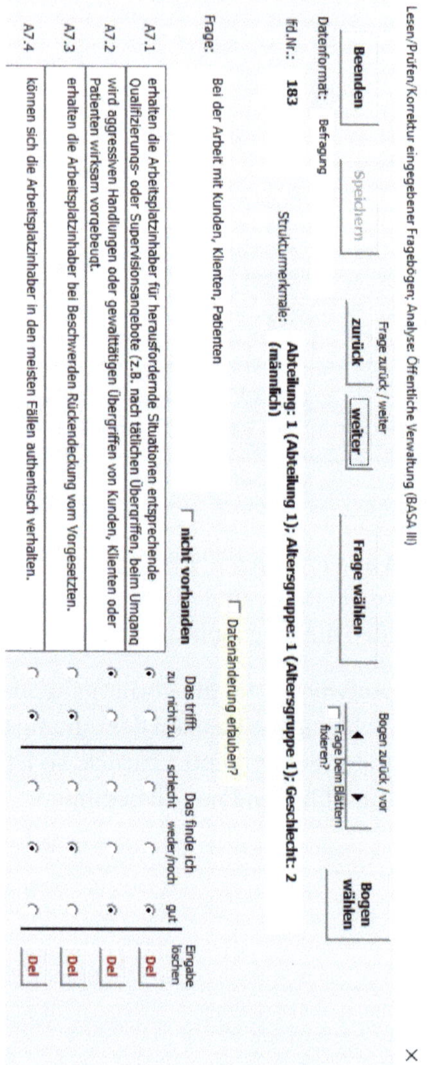

Mit **FRAGE WÄHLEN** kann ohne Blättern eine definierte Frage ausgewählt werden. Mit Bogen zurück / vor (Pfeiltasten) kann in den vorhandenen Fragebögen geblättert bzw. ein Bo-gen nach der lfd. Nr. definiert ausgewählt werden. Ist dabei die Checkbox 'Frage beim Blättern fixieren' angekreuzt, wird die gleiche Frage des neuen Bogens angezeigt, sonst die erste Frage.

4.3   Internes Datenformat

Die vorliegende Software BASAIII speichert die Daten eines Fragebogens in einer Zeile in dem ausgeblendeten Blatt "Daten" der Analysedatei.

Am Beginn der Zeile werden die Codierungen der Strukturmerkmale (sofern vorhanden) und die lfd. Nr. (in der Beobachtungsversion die Strukturmerkmale im Klartext und die Arbeitsplatzbezeichnung) in jeweils einer Zelle eingetragen. Die Daten einer Frage werden entsprechend den angekreuzten Antworten codiert und für alle Fragen der Hauptfrage in einer Zelle zusammengefasst eingetragen. Im Einzelnen erfolgt die Codierung wie folgt:

- "trifft zu" angekreuzt => 1, "trifft nicht zu" angekreuzt => 2, keins von beiden oder beide angekreuzt => 99
- "schlecht" angekreuzt => 1, "weder/noch" angekreuzt => 2, "gut" angekreuzt => 3 keins oder mehrere angekreuzt => 99

Für ausblendbare Fragen wird entweder 99 (nicht angekreuzt) den Codierungen der Fragen vorangestellt oder eine 0 (angekreuzt) ohne weitere Werte eingetragen. Alle Werte für eine Hauptfrage werden durch Semikolon getrennt.

Der Wert eines evtl. vorhandenen Personencodes wird nach der letzten Hauptfrage eingetragen, ebenso in der Beobachtungsversion die Bemerkungen. Für das nachfolgende fiktive und verkürzte Beispiel würde damit die Datenzeile

| 12 | 23 | 123 | 1;2;2;1 | 9;9;1;3 | .... | 9;2;1;1;2 | 0 | .... | rf0507 |

entstehen.

Da diese Datendarstellung weder für die direkte Verarbeitung in anderen Auswertungsprogrammen noch für den Import externer Daten (z.B. aus gescannten Fragebögen) geeignet ist, wurde sowohl eine Export- als auch eine Importfunktion implementiert. Es sei darauf hingewiesen, dass sich die Datenformate für Export und Import und das interne Datenformat unterscheiden.

Strukturm. Werk:12 Abteilung: 23   **lfd. Nr. 123**
Pers.-code rf0507

Dieser Bogen erfasst Merkmale Ihrer Arbeit. Bitte beantworten Sie jede Frage für **Ihre eigene** Tätigkeit.

		A. Das trifft		B. Das finde ich		
		eher zu.	eher nicht zu.	schlecht.	weder schlecht noch gut.	gut.
Teil A:	**Arbeitsaufgabe - Arbeitsinhalt**					
A1:	**Abwechslung/Variabilität: Bei der Arbeit**					
A1.1	- müssen die Arbeitsplatzinhaber viele Dinge gleichzeitig erledigen.	x	O	O	O	x
A1.2	- wiederholen sich gleichartige Handlungen in kurzen Abständen	O	x	x	O	O
A2:	**Einflussmöglichkeiten/Handlungsspielraum: Bei der Arbeit**					
A2.1	- ist genau vorgeschrieben, wie die Arbeitsplatzinhaber die Arbeit machen müssen.	O	O	O	O	O
A2.2	- können die Arbeitsplatzinhaber bei wichtigen Dingen mitreden und mitentscheiden.	x	O	O	O	x
	....					
E1:	**Maschinen: Die Maschinen/Geräte, mit denen gearbeitet wird,**					
	nicht vorhanden:	O				
E1.1	- sind gut bedienbar.	O	x	x	O	O
E1.2	- verlangen Wartezeiten (z.B. durch ungeplante technische Störungen)	x	O	x	O	O
E2:	**Bildschirm: Der Bildschirm des Computers, der Maschine**					
	nicht vorhanden:	x				
E2.1	- spiegelt bzw. es kommt zu Blendungen.	O	O	O	O	O
E2.2	- hat einen guten Zeichenkontrast, eine scharfe Zeichendarstellung und Zeichengröße.	O	O	O	O	O
E2.3	- ist für die zu erfüllende Arbeitsaufgabe groß genug bzw. sind für die zu erfüllende Arbeitsaufgabe ausreichend Bildschirme vorhanden.	O	O	O	O	O

4.4 Export von Daten

Der Datenexport kann bei geöffneter Analysedatei und mindestens einem vorhandenen Datensatz vom Hauptformular aus sowohl in eine Exceldatei als auch in einen Textfile (TAB-getrennt) erfolgen. Alle Datensätze und alle Spalten werden exportiert. Zellen mit Semikolon-getrennten Inhalten werden in die entsprechende Anzahl von Zahlen aufgelöst, Einträge für ausgeblendete Hauptfragen (Inhalt: 0) werden in 0 und die der doppelten Zahl der Fragen entsprechenden Werte 99 umgewandelt. Der jeweiligen Datei werden zwei Zeilen vorangestellt: Zeile 1 mit Namen der Quelldatei und Datum; Zeile 2 mit den Überschriften (Strukturmerkmale, lfd.Nr. bzw. Arbeitsplatz sowie den Fragennummern A1.1a, A1.1b, A2.1a usw).

Datenquelle: X:\BASA\Auswertungen\Beispiel.xlsx; 21.02.20; 08:38:14									
Tätigkeit	lfdNr	A1.1a	A1.1b	A1.2a	A1.2b	A2.1a	A2.1b	A2.2a	A2.2b
1	1	2	2	1	2	1	3	1	3
1	2	1	3	2	3	2	3	1	3
1	3	1	3	2	2	2	3	1	3
1	4	1	2	2	3	2	3	1	3
1	5	1	2	1	3	2	3	1	3
1	6	1	2	1	2	2	3	1	3
1	7	1	3	2	1	1	3	2	1
1	8	1	2	1	2	2	2	2	2
2	1	1	2	1	1	2	2	1	2
2	2	1	1	1	2	2	3	1	3
2	3	1	1	1	3	2	1	1	3
2	4	1	2	1	2	1	2	1	3
2	5	1	1	1	3	2	1	1	3

4.5 Import von Daten

Die Funktion Datenimport ist bei geöffneter Analysedatei vom Hauptformular aus zu starten. Sie ist hauptsächlich für die Erfassung großer Datenmengen durch das Scannen manuell ausgefüllter Fragebögen ausgelegt. Die durch das Scanprogramm zu erzeugende Datenstruktur (Exceldatei) soll an folgendem Beispiel erläutert werden (siehe Abbildung nächste Seite):

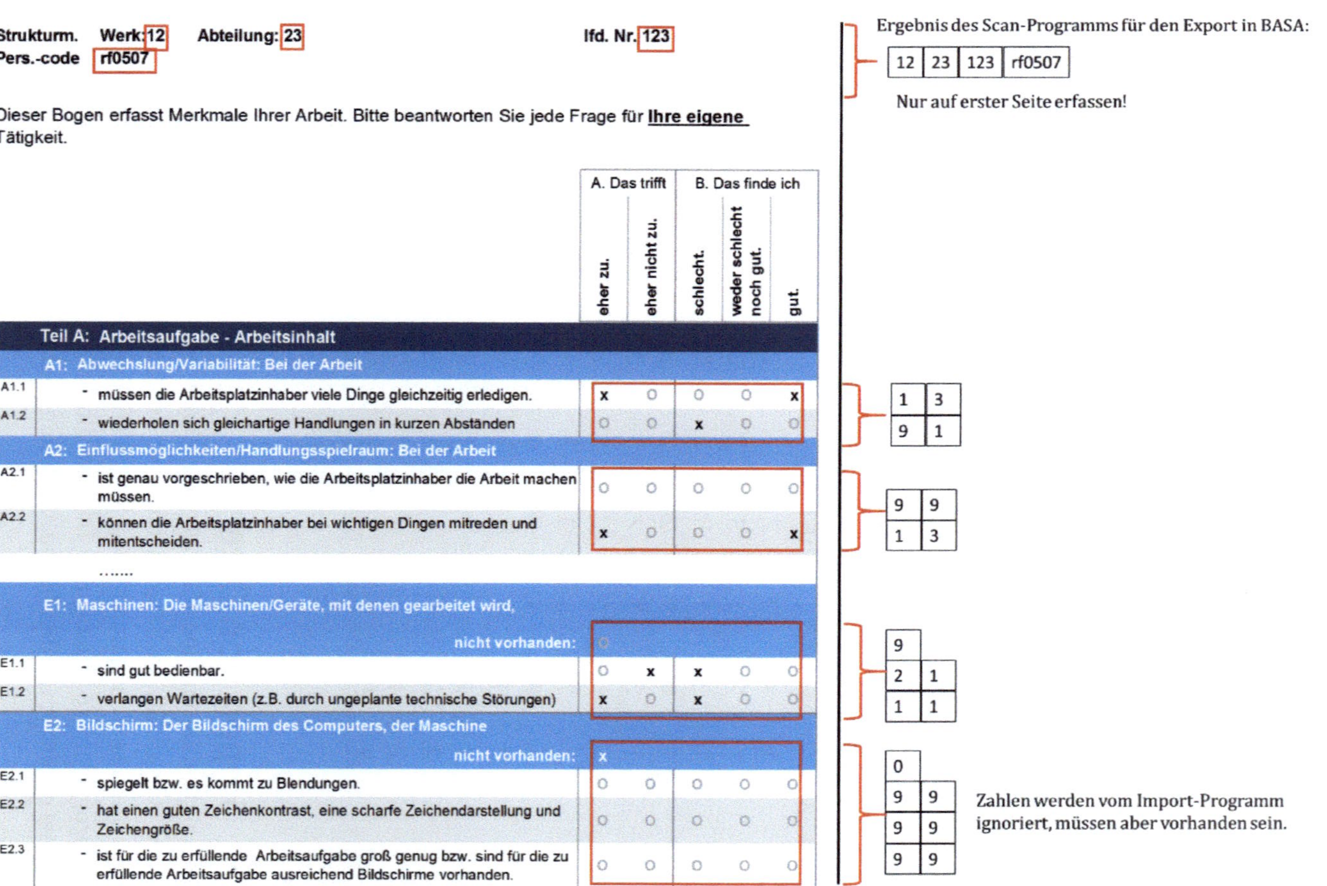

Strukturm.   **Werk:** 12   **Abteilung:** 23   **lfd. Nr.** 123
Pers.-code   rf0507

Ergebnis des Scan-Programms für den Export in BASA:

| 12 | 23 | 123 | rf0507 |

Nur auf erster Seite erfassen!

Dieser Bogen erfasst Merkmale Ihrer Arbeit. Bitte beantworten Sie jede Frage für **Ihre eigene** Tätigkeit.

	A. Das trifft		B. Das finde ich		
	eher zu.	eher nicht zu.	schlecht.	weder schlecht noch gut.	gut.
Teil A: Arbeitsaufgabe - Arbeitsinhalt					
A1: Abwechslung/Variabilität: Bei der Arbeit					
A1.1 - müssen die Arbeitsplatzinhaber viele Dinge gleichzeitig erledigen.	x	o	o	o	x
A1.2 - wiederholen sich gleichartige Handlungen in kurzen Abständen	o	o	x	o	o
A2: Einflussmöglichkeiten/Handlungsspielraum: Bei der Arbeit					
A2.1 - ist genau vorgeschrieben, wie die Arbeitsplatzinhaber die Arbeit machen müssen.	o	o	o	o	o
A2.2 - können die Arbeitsplatzinhaber bei wichtigen Dingen mitreden und mitentscheiden.	x	o	o	o	x
....					
E1: Maschinen: Die Maschinen/Geräte, mit denen gearbeitet wird,					
nicht vorhanden:	o				
E1.1 - sind gut bedienbar.	o	x	x	o	o
E1.2 - verlangen Wartezeiten (z.B. durch ungeplante technische Störungen)	x	o	x	o	o
E2: Bildschirm: Der Bildschirm des Computers, der Maschine					
nicht vorhanden:	x				
E2.1 - spiegelt bzw. es kommt zu Blendungen.	o	o	o	o	o
E2.2 - hat einen guten Zeichenkontrast, eine scharfe Zeichendarstellung und Zeichengröße.	o	o	o	o	o
E2.3 - ist für die zu erfüllende Arbeitsaufgabe groß genug bzw. sind für die zu erfüllende Arbeitsaufgabe ausreichend Bildschirme vorhanden.	o	o	o	o	o

Scan-Ergebnis-Zahlen (rechts neben der Tabelle):

A1: | 1 | 3 | / | 9 | 1 |

A2: | 9 | 9 | / | 1 | 3 |

E1: | 9 | / | 2 | 1 | / | 1 | 1 |

E2: | 0 | / | 9 | 9 | / | 9 | 9 | / | 9 | 9 |

Zahlen werden vom Import-Programm ignoriert, müssen aber vorhanden sein.

Dieser (verkürzte und fiktive) Fragebogen sollte für einen korrekten Datenimport durch das Scanprogramm zu der Datenzeile

| 12 | 23 | 123 | rf0507 | 1 | 3 | 9 | 1 | 9 | 9 | 1 | 3 |

| ... | 9 | 2 | 1 | 1 | 1 | 0 | 9 | 9 | 9 | 9 |

verarbeitet werden. Der hier wiedergegebene Umbruch ist in der Datendatei selbstverständlich nicht vorhanden; dort stehen alle Daten eines Fragebogens in einer Zeile. Unklare, fehlerhafte oder doppelte Ankreuzungen müssen durch das Scanprogramm als 'nicht angekreuzt' (=9) codiert werden.

Ausgeblendete Daten (vgl. 3.4) werden nicht erfasst. Die entsprechenden Daten werden vom Importprogramm selbst generiert. Daraus ergibt sich, dass bei Vorliegen unterschiedlicher Tätigkeiten die Fragebögen nach Tätigkeit getrennt gescannt werden müssen. Alternativ können alle Beschäftigten den gleichen Fragebogen vorgelegt bekommen. Um eine Auswertung nach Tätigkeiten durchführen zu können, sind dazu mehrere Tätigkeiten mit identischem Ausblendstatus zu definieren. Die Beschäftigten müssen dann an den entsprechenden Stellen ein Kreuz bei „nicht vorhanden" setzen. Dies erhöht zwar die Länge des Fragebogens, erleichtert andererseits jedoch das Scannen. Hier sollten die Anforderungen an einen hohen und korrekten Rücklauf mit dem erforderlichen Arbeitsaufwand abgestimmt werden.

Nach Start des Datenimports und Auswahl der Exceldatei mit den zu importierenden Daten erscheint zunächst ein Formular mit den ersten 10 Zeilen und 10 Spalten dieser Datei. Markiert wird die Spalte mit der lfd.Nr. (bzw. Arbeitsplatz), diese ist nicht änderbar und wird aus den Merkmalsdaten bestimmt. Die erste zu importierende Zeile wird aus der Struktur der Importdaten abgeleitet und kann verändert werden.

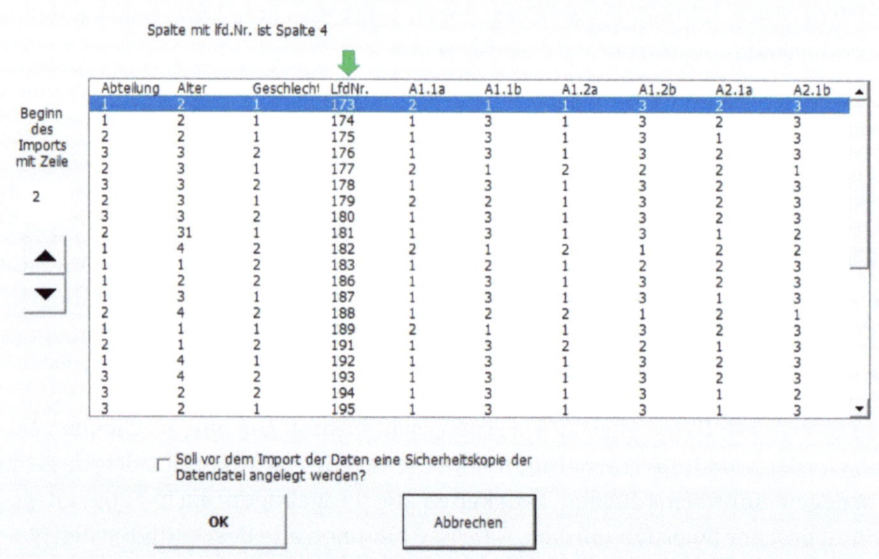

Abteilung	Alter	Geschlecht	LfdNr.	A1.1a	A1.1b	A1.2a	A1.2b	A2.1a	A2.1b
1	2	1	173	2	1	1	3	2	3
1	2	1	174	1	3	1	3	2	3
2	2	1	175	1	3	1	3	1	3
3	3	2	176	1	3	1	3	2	3
2	3	1	177	2	1	2	2	2	1
3	3	2	178	1	3	1	3	2	3
2	3	1	179	2	2	1	3	2	3
3	3	2	180	1	3	1	3	2	3
2	31	1	181	1	3	1	3	1	2
1	4	2	182	2	1	2	1	2	2
1	1	2	183	1	2	1	2	2	3
1	2	2	186	1	3	1	3	2	3
1	3	1	187	1	3	1	3	1	3
2	4	2	188	1	2	2	1	2	1
1	1	1	189	2	1	1	3	2	3
2	1	2	191	1	3	2	2	1	3
1	4	1	192	1	3	1	3	2	3
3	4	2	193	1	3	1	3	2	3
3	2	2	194	1	3	1	3	1	2
3	2	1	195	1	3	1	3	1	3

Nach **OK** (auf Wunsch kann eine Sicherheitskopie der Analysedatei vor dem Import erzeugt werden) werden die zu importierenden Daten geprüft. Dabei werden sowohl das Vorhandensein eines Datensatzes (Strukturmerkmale und lfd.Nr.) in den vorhandenen Daten (Vermeidung von Dopplungen) und die korrekte Codierung bzw. Bezeichnung der Strukturmerkmale einschließlich Tätigkeiten als auch die Zulässigkeit der lfd. Nr. entsprechend den Vorgaben der Merkmalsdaten geprüft.

Werden hier Fehler gefunden, werden keine weiteren Tests dieses Datensatzes durchgeführt. Im anderen Falle werden die weiteren Daten geprüft, ob sie die möglichen Zahlenwerte entsprechend der Fragenstruktur unter Berücksichtigung der ggfls. vorhandenen aktuellen Tätigkeit enthalten, Fehler werden ausgewiesen.

Sind alle Daten korrekt, beginnt sofort der Import. Bei erkannten Fehlern kann der Benutzer entscheiden, ob die mit OK gekennzeichneten korrekten Datensätze importiert werden oder ob der Import abgebrochen werden soll.

5 Auswertung durchführen

Ist eine Analysedatei geöffnet (entweder durch Klick auf **ANDERE ANALYSEDA-TEI ÖFFNEN** oder durch einen Doppelklick im rechten Listenfeld des Hauptformulars, vgl. 2) und enthält sie Daten, wird die Schaltfläche **AUSWERTUNG STARTEN** aktiv.

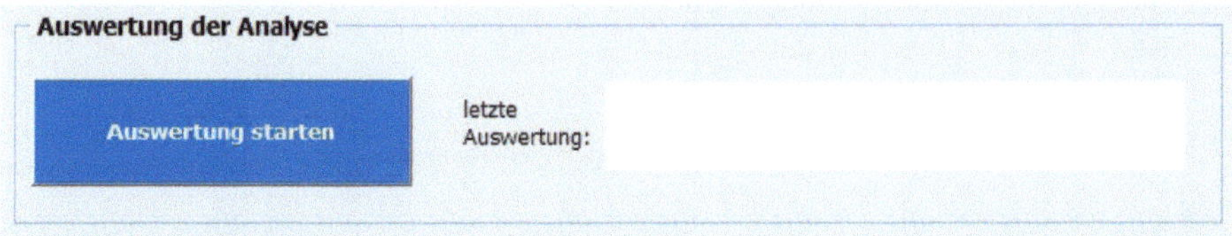

Nach Klick auf diese Schaltfläche erscheint das Auswahlformular für die in die Auswertung einzubeziehenden Datensätze.

5.1 Auswahl der auszuwertenden Datensätze

Liegt eine Fragebogenversion vor und sind Strukturmerkmale und/oder Tätigkeiten vorhanden, hat das Formular das Aussehen der folgenden Seite.

Sind keine Strukturmerkmale und/oder Tätigkeiten vorhanden, wird nur der rechte Teil des Formulars angezeigt.

In diesem rechten Teil können folgende Angaben (nur für eine Fragebogenversion) gemacht werden:

- Durch die Angabe eines Bereichs für die lfdNr können Fragebögen ausgeschlossen oder ein bestimmter Bereich ausgewählt werden. Bei Start des Formulars werden die kleinste und größte lfdNr des Datenmaterials angezeigt. Sind keine Strukturmerkmale und/oder Tätigkeiten vorhanden, ist dies die einzige Möglichkeit, eine Auswahl vorzunehmen.

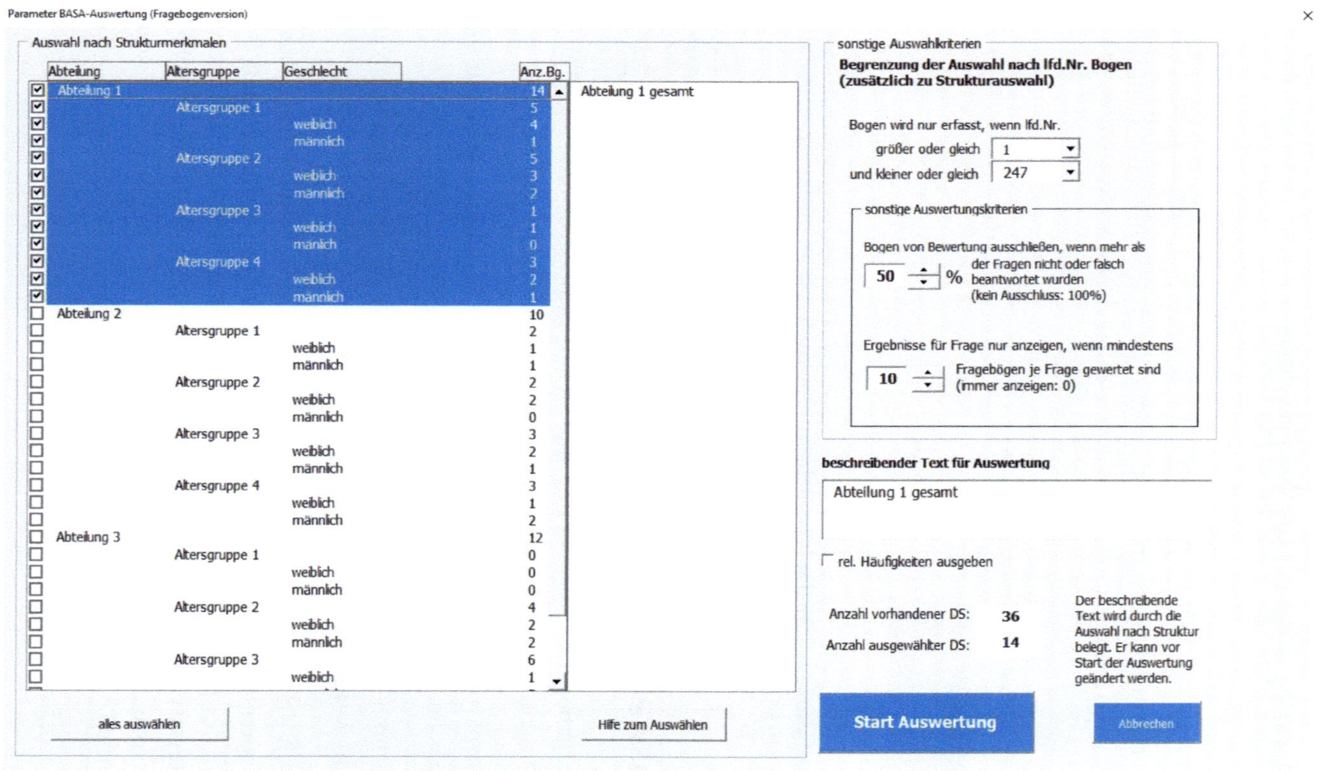

Parameter BASA-Auswertung (Fragebogenversion)

Auswahl nach Strukturmerkmalen

Abteilung	Altersgruppe	Geschlecht	Anz.Bg.
Abteilung 1			14
	Altersgruppe 1		5
		weiblich	4
		männlich	1
	Altersgruppe 2		5
		weiblich	3
		männlich	2
	Altersgruppe 3		1
		weiblich	1
		männlich	0
	Altersgruppe 4		3
		weiblich	2
		männlich	1
Abteilung 2			10
	Altersgruppe 1		2
		weiblich	1
		männlich	1
	Altersgruppe 2		2
		weiblich	2
		männlich	0
	Altersgruppe 3		3
		weiblich	2
		männlich	1
	Altersgruppe 4		3
		weiblich	1
		männlich	2
Abteilung 3			12
	Altersgruppe 1		0
		weiblich	0
		männlich	0
	Altersgruppe 2		4
		weiblich	2
		männlich	2
	Altersgruppe 3		6
		weiblich	1

Abteilung 1 gesamt

alles auswählen   Hilfe zum Auswählen

sonstige Auswahlkriterien

Begrenzung der Auswahl nach lfd.Nr. Bogen (zusätzlich zu Strukturauswahl)

Bogen wird nur erfasst, wenn lfd.Nr.

größer oder gleich   1

und kleiner oder gleich   247

sonstige Auswertungskriterien

Bogen von Bewertung ausschließen, wenn mehr als

50 %   der Fragen nicht oder falsch beantwortet wurden (kein Ausschluss: 100%)

Ergebnisse für Frage nur anzeigen, wenn mindestens

10   Fragebögen je Frage gewertet sind (immer anzeigen: 0)

beschreibender Text für Auswertung

Abteilung 1 gesamt

rel. Häufigkeiten ausgeben

Anzahl vorhandener DS: **36**

Anzahl ausgewählter DS: **14**

Der beschreibende Text wird durch die Auswahl nach Struktur belegt. Er kann vor Start der Auswertung geändert werden.

Start Auswertung   Abbrechen

- Ausschluss von Fragebögen, in denen Fragen nicht oder falsch beantwortet wurden: Dies bedeutet nicht den Ausschluss des gesamten Fragebogens. Die Zahl der nicht oder falsch beantworteten Fragen wird je
  Hauptfrage ermittelt. Erfüllt ein Fragebogen für eine Hauptfrage das
  angegebene Kriterium entweder für Falsch oder nicht beantwortete
  Fragen, so wird er für die Auswertung aller Fragen dieser Hauptfrage
  ausgeschlossen. Sollen alle Bögen unabhängig von der Nicht- oder
  Falsch - Beantwortung ausgewertet werden, so ist die Zahl 100 % anzugeben.
- Ergebnisse für Frage nur anzeigen, wenn mindestens k Fragebögen je
  Frage gewertet: Diese Angabe sichert die statistische Verlässlichkeit
  und die Anonymität.. Für Sonderauswertungen kann diese Zahl verändert werden. Soll dieses Kriterium nicht wirken, so ist die Zahl 0 ein-
  zusetzen. Ergebnisse, die dieses Kriterium nicht erfüllen, werden nicht
  angezeigt. In der Spalte n des Auswertungsbogens wird dann der Ver-
  merk 'n(<k)' angezeigt.

Im linken Teil des Formulars können beliebig Strukturmerkmale ausgewählt
werden. Wird ein übergeordnetes Merkmal aus- oder abgewählt, werden alle
nachgeordneten ebenfalls aus- oder abgewählt. Wird ein untergeordnetes
Merkmal abgewählt, werden alle übergeordneten Merkmale ebenfalls abgewählt, ohne den Status von anderen diesen untergeordneten Merkmalen zu beeinflussen (siehe folgendes Bild). Tätigkeiten werden hier als 'letztes' Strukturmerkmal angezeigt.

Alle Auswahlkriterien funktionieren UND-verknüpft, d. h. um den Fragebogen
in die Auswertung aufzunehmen, müssen alle angegebenen Kriterien erfüllt
sein.

Auswahl nach Strukturmerkmalen

	Abteilung	Altersgruppe	Geschlecht	Anz.Bg.
☐	Abteilung 1			14
☐		Altersgruppe 1		5
☐			weiblich	4
☐			männlich	1
☑		Altersgruppe 2		5
☑			weiblich	3
☑			männlich	2
☐		Altersgruppe 3		1
☐			weiblich	1
☐			männlich	0
☐		Altersgruppe 4		3
☐			weiblich	2
☐			männlich	1
☐	Abteilung 2			10
☐		Altersgruppe 1		2
☐			weiblich	1
☐			männlich	1
☑		Altersgruppe 2		2
☑			weiblich	2
☑			männlich	0
☐		Altersgruppe 3		3
☐			weiblich	2
☐			männlich	1
☐		Altersgruppe 4		3
☐			weiblich	1
☐			männlich	2
☐	Abteilung 3			12
☐		Altersgruppe 1		0
☐			weiblich	0
☐			männlich	0
☑		Altersgruppe 2		4
☑			weiblich	2
☑			männlich	2
☐		Altersgruppe 3		6
☐			weiblich	1

Abteilung 1_Altersgruppe 2 gesamt
Abteilung 2_Altersgruppe 2 gesamt
Abteilung 3_Altersgruppe 2 gesamt

Liegt eine Beobachtungsversion zur Auswertung vor, hat das Formular zunächst das gleiche Aussehen wie bei der Fragebogenversion, allerdings ohne die 'sonstigen Auswahlkriterien'. Nach Klick auf die Schaltfläche **MANUELL AUS-WÄHLEN** besteht die Möglichkeit, eine beliebige Anzahl von Datensätzen manuell auszuwählen. Es sind alle Datensätze mit der Arbeitsplatzbezeichnung sowie den ggfls. vorhandenen Strukturmerkmalen/Tätigkeiten aufgelistet. Mit den in Windows üblichen Techniken der Mehrfach-Markierung (Shift/Umsch wählt von – bis aus; Ctrl/Strg wählt einzelne Zeile alternierend aus oder ab) können nun beliebig viele Beobachtungsbögen für die Auswertung manuell ausgewählt werden. Zur Unterstützung ist durch Klick auf den entsprechenden Radiobutton eine Sortierung nach der Arbeitsplatzbezeichnung oder den Strukturmerkmalen/Tätigkeiten möglich, eine Änderung der Sortierung ändert nicht die Auswahl der Beobachtungsbögen.

5.2 Ergebnis der Auswertung

Im rechten unteren Teil des Formulars sind vor Start der Auswertung Festlegungen über das Ergebnis zu machen.

Neben dem beschreibenden Text, der bei Auswahl durch Strukturelemente generiert wurde und manuell geändert werden kann, sind zusätzliche Kontrollkästchen vorhanden:

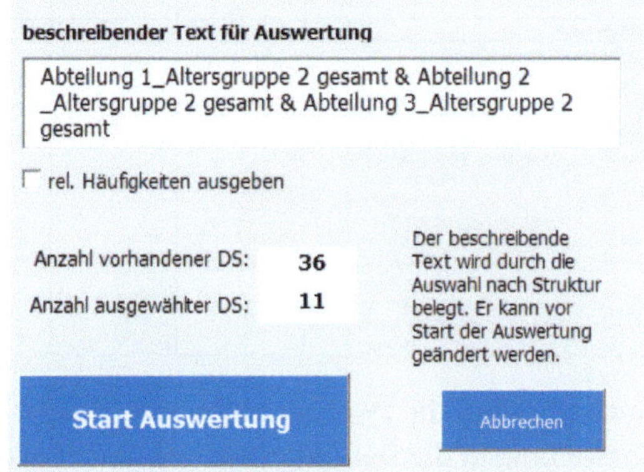

- Rel. Häufigkeiten ausgeben:
  Ist dieses Kästchen angekreuzt, wird ein zusätzliches Blatt in der Ergebnisdatei erzeugt, in dem die relativen Häufigkeiten der Antworten 'trifft zu' bzw. 'trifft nicht zu' sowie der Kombination mit 'das finde ich gut/schlecht/weder/noch' für alle Fragen ausgegeben werden.

- Bemerkungen ausgeben (nur für Beobachtungsversion):
  Ist dieses Kästchen angekreuzt, werden alle Bemerkungen der für die Auswertung ausgewählten Bögen in einem eigenen Blatt in der Auswertungsdatei ausgegeben.

Blatt Auswertung

Nach Klick auf **START AUSWERTUNG** wird die Auswertung durchgeführt; das Ergebnis ist eine Excel-Datei mit folgendem Aussehen (die Auswertung erfolgte nicht mit realem Datenmaterial):

Für betriebsspezifische Fragen existieren keine Bewertungen, folglich werden nur gemittelte relative Häufigkeiten sowie die Anzahlen der Bögen mit nicht beantworteter Frage ausgegeben.

BASA-Auswertung: Beispielgruppe
Datenquelle: Beispiel (BASA III), C:\Desktop\BASA\Beispiel.xlsx)

Auswahl nach lfd.Nr.: alle
Auswahl nach Struktur: Beispielgruppe
Anzahl der erfassten Bögen: 20

Ausschlusskriterium (nF,n99): 50%

Teile/Fragen		n	Gestaltungs-erfordernis gesamt %		Ressource gesamt %		Neutral %		Diskussions-bedarf %		fragliche Antwort %		nicht gewertet nF	n99
B2:	Arbeitszeit: Bei der Arbeit												0	1
B2.1	kommt es regelmäßig zu Überstunden.	20	35,0%		35,0%		0,0%		45,0%		30,0%			1
B2.2	sind Dienstpläne bzw. Arbeitszeiten mindestens 2 Wochen im Vorfeld bekannt.	20	90,0%		*5,0%		0,0%		30,0%		*5,0%			1
B2.3	sind die Pausen ausreichend und störungsfrei.	20	30,0%		70,0%		0,0%		30,0%		0,0%			1
B2.4	haben die Arbeitsplatzinhaber geteilte Dienste (z.B. Früh- und Abenddienst, mittags frei).	20	30,0%		30,0%		0,0%		30,0%		40,0%			1
B2.5	wird von den Beschäftigten erwartet, auch nach Feierabend erreichbar zu sein (z.B. für Anrufe, E-Mails).	20	15,0%		85,0%		0,0%		15,0%		0,0%			1

Nach Klick auf die zwei Schaltflächen 'Details zeigen' wird diese Übersichts-darstellung in die Detaildarstellung überführt (vgl. nächste Seite).

In dieser Darstellung sind alle Ergebnisse sichtbar, neben dem beschreibenden Text und der Datenherkunft werden folgende Angaben ausgegeben:

- Auswahlkriterien für lfd. Nr. und Strukturmerkmale/Tätigkeiten
- Anzahl der erfassten Bögen: Anzahl der Fragebögen, die durch die Aus-wahl-kriterien Strukturmerkmale/Tätigkeiten und lfd.Nr. insgesamt er-fasst worden sind;
- Spalte 'n': Anzahl der Fragebögen, die für die Auswertung dieser Frage heran-gezogen wurden. Ist n kleiner als das angegebene Anzeigekrite-rium (z.B. 10), wird (<10) ergänzt, dann sind keine weiteren Werte sicht-bar.
- Spalte 'nF': Anzahl der Fragebögen, die wegen zu vieler falsch beantwor-teter Fragen (siehe Ausschlusskriterien in 5.1) nicht in die Auswertung aller Fragen dieser Hauptfrage einbezogen wurden;
- Spalte 'n99':
  in Zeile der Hauptfrage: Anzahl der Fragebögen, die wegen zu vieler nicht beantworteter Fragen (siehe Ausschlusskriterien in 5.1) nicht in die Aus-wertung aller Fragen dieser Hauptfrage einbezogen wurden
  in Zeile der Frage: Gesamtanzahl der Fragebögen, bei denen diese Frage nicht beantwortet wurde.

Für die Fragen ist jeweils der Prozentsatz für Antworten mit der entsprechenden Bewertung eingetragen (siehe Tabelle nächste Seite).

Je nach errechnetem Prozentsatz (%) wird das Feld wie folgt farblich markiert:

Spalten G, G+GD: „%" > 20%: rot

Spalten GD, RD, GD+RD:
„%" > 30%: blau;
„%" 20%...30%: hellblau

Spalte R, R+RD: „%">=80%: grün

Spalte F:
„%" > 20%: blau;
„%" 10%...20%: hellblau

Ausführliche Erläuterungen zur angewendeten Auswertung und den Bewertungen der Fragen finden sich in Teil 1 dieses Buches.

Bei der Auswertung einer Beobachtungsversion entfallen die Ausschlusskriterien für nF und n99 (siehe 5.1), hier werden nur die Bögen mit nicht oder unvollständig beantworteten Fragen nicht berücksichtigt. Die Kennzeichnung unsicherer Ergebnisse (90 %-Vertrauensbereich)

BASA-Auswertung: Beispielgruppe
Datenquelle: Beispiel (BASA III), C:\Desktop\BASA\Beispiel.xlsx
Auswahl nach lfd.Nr.: alle
Auswahl nach Struktur: Beispielgruppe
Anzahl der erfassten Bögen: 20

Ausschlusskriterium (nF,n99): 50%

Details verberg. | Details verberg. | Umbrüch

Teile/Fragen	n	Gestaltungs-erfordernis gesamt %		Gestaltungs-erfordernis festgestellt und von Mitarbeitern erkannt %		Gestaltungs-erfordernis festgestellt, aber von Mitarbeitern nicht erkannt %		Ressource gesamt %		Ressource festgestellt und von Mitarbeitern erkannt %		Ressource festgestellt, aber von Mitarbeitern nicht erkannt %		Neutral %		Diskussions-bedarf %		fragl. Antw. %
B2: Arbeitszeit: Bei der Arbeit																		
B2.1 kommt es regelmäßig zu Überstunden.	20	35,0%		0,0%	0,0%	35,0%	10,9%	35,0%		25,0%	9,9%	*10,0%	6,9%	0,0%		45,0%		30,0%
B2.2 sind Dienstpläne bzw. Arbeitszeiten mindestens 2 Wochen im Vorfeld bekannt.	20	90,0%		60,0%	11,2%	30,0%	10,5%	*5,0%		*5,0%	5,0%	0,0%	0,0%	0,0%		30,0%		*5,0%
B2.3 sind die Pausen ausreichend und störungsfrei.	20	30,0%		20,0%	9,2%	*10,0%	6,9%	70,0%		50,0%	11,5%	20,0%	9,2%	0,0%		30,0%		0,0%
B2.4 haben die Arbeitsplatzinhaber geteilte Dienste (z.B. Früh- und Abenddienst, mittags frei).	20	30,0%		*5,0%	5,0%	25,0%	9,9%	30,0%		25,0%	9,9%	*5,0%	5,0%	0,0%		30,0%		40,0%
B2.5 wird von den Beschäftigten erwartet, auch nach Feierabend erreichbar zu sein (z.B. für Anrufe, E-Mails).	20	15,0%		*10,0%	6,9%	*5,0%	5,0%	85,0%		75,0%	9,9%	*10,0%	6,9%	0,0%		15,0%		0,0%

135

erfolgt, wird aber bei der farblichen Kennzeichnung und der Auswahl in das Blatt 'Üb. Erfordernisse & Ressourcen' nicht berücksichtigt.

Spaltenüberschrift	Bewertung
Gestaltungserfordernis festgestellt und von Mitarbeitern erkannt	G
Gestaltungserfordernis festgestellt, aber von Mitarbeitern nicht erkannt	GD
Gestaltungserfordernis gesamt	Summe G + GD
Ressource festgestellt und von Mitarbeitern erkannt	R
Ressource festgestellt, aber von Mitarbeitern nicht erkannt	RD
Ressource gesamt	Summe R + RD
Neutral	Summe N
Diskussionsbedarf	Summe GD + RD
fragliche Antwort	F

Bei Ändern der Darstellung in die Detaildarstellung wird das Druckformat von Hoch- auf Querformat geändert. Dadurch können die Seitenumbrüche nicht fest vor eine Hauptfrage bzw. einen Teil gesetzt werden. Dies kann vor dem Drucken durch Klick auf die Schaltfläche **'Umbrüche setzen'** ausgeführt werden.

Übersicht Erfordernisse & Ressourcen

Fragen, für die eine rote bzw. grüne Markierung vergeben wurde, werden in das Blatt 'Üb. Erfordernisse & Ressourcen' aufgenommen, in dem sie sortiert dargestellt werden.

Die Eintragungen sind nach der Prozentwertgröße absteigend und nach der Fragen-nummerierung aufsteigend sortiert. Zur Unterstützung ggfls. gewünschter abweichender Sortierungen kann jeweils ein Bereich (Erfordernisse oder Ressourcen) über die Schaltflächen 'Bereich markieren' ausgewählt und dann mittels der Excelfunktion Benutzerdefiniertes Sortieren in der gewünschten Weise sortiert werden. Die Ausgangssortierung beider Bereiche kann über die Schaltfläche 'Ausgangssortierung wiederherstellen' wiederhergestellt werden.

Von der Nutzung der Excelfunktion Filtern wird abgeraten, da Kriterien nur für jeweils einen Bereich angegeben werden können, die Filterung sich aber auf den anderen Bereich ausdehnt.

Relative Häufigkeiten

Im Blatt 'rel. Häuf.' werden die über die ausgewerteten Bögen gemittelten relativen Häufigkeiten für die Antworten 'trifft zu' bzw. 'trifft nicht

BASA-Auswertung: Allgemein

Datenquelle: Labor & Verwaltung (BASA III); (C:\User\Desktop\BASA\BASAIII_final\Labor & Verwaltung.xlsx)

Auswahl nach lfd.Nr.: alle

Auswahl nach Strukturmerkmal: Allgemein

Anzahl der erfassten Bögen: 9

Bereich markieren | Ausgangssortierung wiederherstellen | Bereich markieren

	Gestaltungserfordernisse in absteigender Reihenfolge		
A7.1	Bei der Arbeit mit Kunden, Klienten, Patienten	erhalten die Arbeitsplatzinhaber für herausfordernde Situationen entsprechende Qualifizierungs- oder Supervisionsangebote (z.B. nach tätlichen Übergriffen, beim Umgang mit Leid und Sterben).	100%
D2.3	Einwirkungen: Bei der Arbeit	kommen die Arbeitsplatzinhaber in Kontakt mit Gefahrstoffen.	100%
A1.1	Abwechslung/Variabilität: Bei der Arbeit	müssen die Arbeitsplatzinhaber viele Dinge gleichzeitig erledigen.	78%
A4.2	Arbeitsumfang: Bei der Arbeit	haben die Arbeitsplatzinhaber zu viel zu tun.	78%
B1.1	Arbeitsorganisation: Bei der Arbeit	kommt es zu Zeit- und Termindruck.	78%
B2.1	Arbeitszeit: Bei der Arbeit	kommt es regelmäßig zu Überstunden.	56%

	Ressourcen in absteigender Reihenfolge		
A1.2	Abwechslung/Variabilität: Bei der Arbeit	wiederholen sich gleichartige Handlungen in kurzen Abständen	100%
A2.2	Einflussmöglichkeiten/Handlungsspielraum: Bei der Arbeit	können die Arbeitsplatzinhaber bei wichtigen Dingen mitreden und mitentscheiden.	100%
A6.1	Informationen/Informationsangebot: Bei der Arbeit	haben die Arbeitsplatzinhaber alle Informationen, die sie für die Erfüllung ihrer Arbeitsaufgabe benötigen.	100%
A7.4	Bei der Arbeit mit Kunden, Klienten, Patienten	können sich die Arbeitsplatzinhaber in den meisten Fällen authentisch verhalten.	100%
B1.2	Arbeitsorganisation: Bei der Arbeit	kommt es zu Personalengpässen.	100%
B2.2	Arbeitszeit: Bei der Arbeit	sind Dienstpläne bzw. Arbeitszeiten mindestens 2 Wochen im Vorfeld bekannt.	100%

zu' sowie die Kombinationen mit 'das finde ich gut/schlecht/weder/noch' ausgegeben.

BASA-Auswertung: Allgemein

Datenquelle: Labor & Verwaltung (BASA III); (C:\Users\nbroitzsch.NOVAWORX\Desktop\BASA\BASAIII_final\Labor &

Auswahl nach lfd.Nr.: alle

Auswahl nach Struktur: Allgemein

Anzahl der erfassten Bögen: 9   Ausschlusskriterium (nF,n99): 50%

relative Häufigkeiten		trifft …'		"trifft zu" und "das finde ich"			"trifft nicht zu" und "das finde ich"			Anzahl 'nicht vorhanden' bzw. keine oder unvollst. Antwort
Teile/Fragen	n	zu	nicht zu	schlecht	weder/noch	gut	schlecht	weder/noch	gut	
Teil A: Arbeitsaufgabe - Arbeitsinhalt										
A1: Abwechslung/Variabilität: Bei der Arbeit										
A1.1 müssen die Arbeitsplatzinhaber viele Dinge gleichzeitig erledigen.	9	100,0%	0,0%	0,0%	77,8%	22,2%	0,0%	0,0%	0,0%	0
A1.2 wiederholen sich gleichartige Handlungen in kurzen Abständen	9	0,0%	100,0%	0,0%	0,0%	0,0%	0,0%	22,2%	77,8%	0
A2: Einflussmöglichkeiten/Handlungsspielraum: Bei der Arbeit										
A2.1 ist genau vorgeschrieben, wie die Arbeitsplatzinhaber die Arbeit machen müssen.	9	44,4%	55,6%	0,0%	22,2%	22,2%	0,0%	0,0%	55,6%	0
A2.2 können die Arbeitsplatzinhaber bei wichtigen Dingen mitreden und mitentscheiden.	9	100,0%	0,0%	0,0%	0,0%	100,0%	0,0%	0,0%	0,0%	0
A3: Vollständigkeit: Bei der Arbeit										
A3.1 können die Arbeitsplatzinhaber die Arbeitsaufgaben von Anfang bis Ende bearbeiten (nicht nur selbst ausführen, sondern auch selbst vorbereiten, koordinieren und kontrollieren, z.B. das Ergebnis prüfen).	9	77,8%	22,2%	0,0%	0,0%	77,8%	22,2%	0,0%	0,0%	0
A3.2 sehen die Arbeitsplatzinhaber am Ergebnis, ob ihre Arbeit gut war oder nicht.	9	100,0%	0,0%	22,2%	0,0%	77,8%	0,0%	0,0%	0,0%	0

Ein nutzerdefinierter Teil wird hier nicht angezeigt.